精油之美

颜禧研发中心 著

天津出版传媒集团

天津科学技术出版社

图书在版编目（CIP）数据

精油之美 / 颜禧研发中心编著. –– 天津 : 天津科
学技术出版社, 2022.2
ISBN 978–7–5576–9779–2

Ⅰ.①精… Ⅱ.①颜… Ⅲ.①香精油 – 基本知识
Ⅳ.①TQ654

中国版本图书馆CIP数据核字(2021)第267695号

精油之美
JINGYOU ZHI MEI
责任编辑：刘　颖

出　　版：天津出版传媒集团
　　　　　　天津科学技术出版社
地　　址：天津市西康路35号
邮　　编：300051
电　　话：（022）23332372
网　　址：www.tjkjcbs.com.cn
发　　行：新华书店经销
印　　刷：北京盛通印刷股份有限公司

开本880×1230　1/32　印张12　字数205 000
2022年2月第1版第1次印刷
定价：98.00元

序一

本书将现代植物学与我国传统"香道"融合，系统地解构了芳香类药用植物分子结构，对其香氛及有效的药用成分进行了梳理；系统地运用了中医药学阴阳五行、四气五味、升降浮沉的理论；系统地校验了植物精华的配伍及组合，解读了其芳香悦脾、内病外治、醒神开窍、外开腠理、内洁情志、通朝百脉、美容美颜的作用机理。

除此之外，我最欣赏的，还是这群编著者匠心独运，将一本严谨的科普书以知性的笔触和灵动的行文方式生动地呈现出来，令人阅读趣味盎然，美育、芳香、留世。

欣然记之！

——金台文院院长　蔡传庆

序二

人类使用香料的历史极其久远，而在我国，人们早在5000年前就已经开始寻找并使用带有香味的植物。屈原用香草比喻君子的德行，他种植了大片的香草，"余既滋兰之九畹兮，又树蕙之百亩"，佩戴、沐浴、饮食，无处不香草——"朝饮木兰之坠露兮，夕餐秋菊之落英""浴兰汤兮沐芳，华采衣兮若英"。《楚辞》中提到的香草有22种，包括江离、蕙（九层塔）、杜若、茹（柴胡）、留夷（芍药）、菊等，香木有12种，包括木兰、椒（花椒）、桂（肉桂）、薜荔、桢（女贞）、竹、柏等。

植物性天然香料是从芳香植物的花、叶、茎、果、根等组织中提取出来易挥发的芳香组分的有机混合物。我国拥有丰富的植物性天然香料资源，有500余种芳香植物，广泛分布于20多个省市。

随着人们生活水平的不断提高，对香料的使用范围也越来越广泛，特别是从植物中提取的天然植物香料，不仅大量用于食品工业，而且也为许多日用品添香增美。在化妆品中，植物香料更是用途广泛，不但对皮肤无刺激、不致敏、安全性高、使用可靠，还具有美白、保湿、祛痘、祛斑等多种功效。

植物精油是芳香植物的高度浓缩提取物，由成百上千种成分构成。一般而言，植物精油含有醇类、醛类、酸类、酚类、丙酮类、萜烯类等。精油的价值不只在于合成的物质繁多，也在于这些成分的配比。同一种植物，因种植地域、种植方式、种植气候的不同，都会影响精油的成分和功效。此外，精油的提炼需要大量的植物，200 kg 的薰衣草只能提炼出 1 kg 薰衣草精油，2 ~ 4 t 的玫瑰只能提炼出 1 kg 玫瑰精油，3000 个柠檬才能提炼出 1 kg 的精油，因此，精油被称为"液体黄金"。

本书详细记述了 60 种植物精油的来源、萃取部位、提取方法、主要成分、日常应用方法等，并从国医角度解读了它们的功效，集科学性、实用性、趣味性于一体，是一本不可多得的植物精油实用宝典。

——中科院昆明植物研究所副研究员、硕士生导师　王蕾

目录

contents

01 阿米香树精油

植物学名：*Amyris balsamifera*

科　　属：芸香科 Rutaceae

加工方法：水蒸馏法

萃取部位：主干或主枝木材

主要成分：桉叶醇、缬草醇

　　阿米香树富含油脂，很容易点燃，因此也被称为蜡烛树，多生长在海地的山坡地带。在一片矮树丛中，它开着白色的小花尤其醒目可爱。阿米香树属于常绿树木，其珍贵的树脂是从树皮中流出来的。由于易燃，阿米香树经常被劈做柴火用。在海地的海边，当地的人们经常在夜晚来临时把阿米香树的枝条点燃做火把，吸引螃蟹聚集。而深山里居住的村民为了在夜间能够继续赶路，将山货运往城里，也常点燃阿米香树枝用以照明。阿米香树的枝条被点燃后，一路奔波的人们闻到空气中隐隐飘来的木质芳香，内心仿佛受到巨大的慰藉，疲惫和困倦也可能被一扫而光。由于阿米香树的木质坚硬耐用，当地人也常常将它砍伐回来做篱笆，建筑自己的院子。

第二次世界大战前，阿米香树木材被切割成块，途经海地、委内瑞拉和牙买加，运往德国，德国人用其蒸馏出的精油和印度檀香颇为相似。在功效上，阿米香树精油也具有抗菌、消炎、安抚、镇静、抗痉挛等作用，所以又被称为"西印度檀香"。但阿米香树精油的特质较之于檀香，有更特殊的丰富性，其清淡柔和的木质芳香能给人带来强烈的感受，营造坚定、宁静之感，抚慰不安的心灵，迅速恢复内在的平衡。

不同地区产出的阿米香树精油品质不同，树龄和含水量是影响精油品质的主要因素。在香水工业中，阿米香树精油常用作定香剂。在芳香疗法中，它常用于缓解咳嗽等症状，对于降低血压、稳定情绪也有一定的作用。

国医解读

阳
理性/智慧
向精神性的事物开放

理性面的感觉

情绪面的感觉

阳

激励

力量

兴奋

木生火

火

火生土

放松

清凉

缓和

舒展

欢乐

阴

积极

水生木

温暖

水

金

土生金

土

金生水

阳明:
大肠经、胃经

少阳:
三焦经、胆经

厥阴:
心包经、肝经

太阳:
小肠经、膀胱经

香豆素少量

倍半萜烯5%~8%

倍半萜烯醇60%~70%
主要为桉叶醇和缬草醇

太阴:
肺经、脾经

少阴:
心经、肾经

心/直觉
贴近大地

阴

性味与归经：味辛、性温。归心、肺、脾经。

功效：

·心经：阿米香树入心经，心主神明。阿米香树精油属偏重质性故偏阴性，对神经系统，主要是对植物性神经系统有很好的调节作用。特别是能够抑制交感神经活力，提升副交感神经活力，所以能够释放压力，从而缓解负面情绪，令心神安宁。手少阴心经与手太阳小肠经相接，因此可以改善消化系统功能。同时，消化系统是一个连接轴，与神经系统息息相关。简单来说，胃肠道与人体淋巴系统的免疫力有着非常大的关联性，通过这些可以起到通经络和提高淋巴系统活性的作用，进而打通淋巴系统淤塞、激励免疫系统，有助于治疗睡眠问题，缓解神经紧张和心神不宁。

·肺经：阿米香树入肺经，肺主皮毛、通胃气。因此，阿米香树可以起到抗菌和消炎的作用，可以有效防止水肿、炎症和过敏的发生，用于预防烂疮和褥疮。如果皮肤已经出现问题，阿米香树亦能起到缓解皮肤炎症的作用。所以阿米香树还可以解决一些皮肤问题，譬如辅助治疗青春痘等。

·脾经：阿米香树入脾经，具有收缩静脉血管，改善血液循环的功效，适用于静脉曲张、痔疮等，同时也可以舒缓肌肉、关节，有助于防止痉挛、抽筋等情况的发生。

日常应用

使用方法：香薰、外用。

保存方法：置于深色玻璃瓶中常温保存，建议将玻璃瓶放在木盒中，以降低温度的波动。未开封的纯精油可以保存6年，已开封的最好于2年内用完，若已调和为按摩油，于3个月内用完效果最佳。

注意事项：一般认为阿米香树精油是安全的，也不会引起光过敏反应。但它气味萦绕不绝，有人未必会习惯。同时，过敏体质的人使用高浓度的阿米香树精油会引起不良反应。

◎ 香薰用法

作用：镇静、安抚。

配方：阿米香树精油2滴、薰衣草精油1滴、迷迭香精油1滴。

用法：将上述精油滴入香薰炉上的水盘中，插上电源，便可享受芬芳的香薰。

◎ 按摩用法

作用：有助于治疗咳嗽、支气管炎，缓解疲劳和肌肉痛。

配方：尤加利精油5滴、阿米香树精油3滴、罗马洋甘菊精油2滴、分馏椰子油 20 mL。

用法：将上述精油与分馏椰子油均匀混合成按摩油，取适量涂抹于不适部位并进行按摩。

◎ 配伍精油

安息香、快乐鼠尾草、乳香、天竺葵、洋甘菊、迷迭香、尤加利、茉莉、薰衣草、玫瑰、花梨木、依兰依兰等精油。

02 佛手柑精油

植物学名：*Citrus aurantium ssp. bergamia*

科　　属：芸香科 Rutaceae

加工方法：冷压法

萃取部位：果皮

主要成分：右旋柠檬烯、沉香醇、乙酸沉香酯

　　关于佛手柑名字的来源，一种说法是意大利一个小城最早种植佛手柑，佛手柑的名字也就源于小城之名。另一个说法是哥伦布在航行中途经卡纳利岛，从而发现了这种植物，并将它带入西班牙和意大利。历史上，1725 年佛罗伦萨人开始使用佛手柑，它以著名药材的身份被意大利民间广泛使用，具有杀菌和净化的功效，治疗各种炎症和疼痛，所以它也被称为来自佛罗伦萨的药果。

　　我们日常中所说的，果实呈手指状的那种植物名为"佛手"，而真正的佛手柑果实呈梨形，两者有极大区别。

佛手柑精油是从佛手柑果实中提取而来的，佛手柑属于芸香科柑橘属，像橘子，但外皮粗糙。佛手柑精油味道清新，能营造出一种让人放松和愉快的氛围，令人十分喜爱。而佛手是香橼的变种之一，果实在成熟的时候各心皮分离，会形成细长且弯弯曲曲的果瓣，形状如手指，故名佛手，通常用作中药。

佛手柑精油萃取自它的果皮。据说最上乘的佛手柑精油，是从成熟果实的果皮中萃取出来的，而未成熟就凋落的果实萃取出的精油质量相对就会差一些。佛手柑精油淡雅清新，融合了水果的甜和花朵的香，是一种特别温和的精油，而且用途广又十分安全，但谨慎起见，孕妇最好不要使用。它也是芳香疗法中常用的一款精油，与薰衣草等精油一样，佛手柑精油从问世以来，就是化妆品行业、香料行业中最为常见的精油之一，很多经典香水的主要成分就是佛手柑，甚至很多饮料里也添加了佛手柑成分。

佛手柑精油能抑制肾上腺素的过度分泌，让人释放压力，缓解莫名的紧张和恐惧感，所以它有安抚情绪的功效。特别是针对因为忧郁和焦虑而患上失眠症的人群，还有因心情沮丧、心力交瘁而无法放松的人，佛手柑精油就如同一只富有"魔法"的手，巧妙地将植物的能量传导给受伤的心灵，让他们在自然的芳香中放松下来，有助于平稳思绪、强化记忆力、重整身心。

国医解读

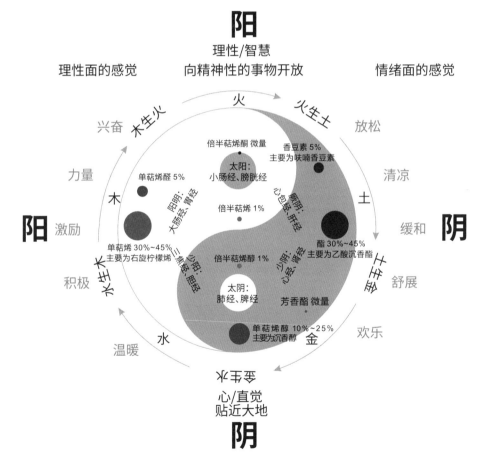

阳
理性/智慧
向精神性的事物开放

理性面的感觉　　　　　　　　　　　　情绪面的感觉

阳

阴

阴

心/直觉
贴近大地

性味与归经：味辛、苦，性温。归肺、脾、肝经。

功效：

·肺经：佛手柑入肺经，具有强效抗菌、防腐（杀菌）、抗病毒、刺激免疫反应的功效，适用于喉咙痛、发烧、头痛、痤疮、粉刺、湿疹、干癣等。

·脾经：佛手柑入脾经，适用于胃胀气、食欲不振、腹痛、呕吐等，还可以调节血糖。

·肝经：佛手柑入肝经，具有疏肝理气、提高肝脏功能的功效，可降肝火、稳定情绪、平息怒火等。

日常应用

使用方法：香薰、外用。

保存方法：置于深色玻璃瓶中常温保存，建议将玻璃瓶放在木盒中，以降低温度的波动。未开封的纯精油可以保存6年，已开封的最好于2年内用完，若已调和为按摩油，于3个月内用完效果最佳。

注意事项：避免在白天使用，干性皮肤和敏感性皮肤需谨慎使用。

◎ 香薰用法

作用：镇静安神，消除紧张、焦虑。

配方：佛手柑精油3滴（单独使用或混合使用）、檀香精油2滴、天竺葵精油1滴。

用法：将上述精油滴入香薰炉上的水盘中，插上电源，便可享受芬芳的香薰。

◎ 按摩用法

作用：对皮肤有很好的修复作用，包括补水、抗皱、抗炎、调节油脂分泌、祛除油光、伤口抑菌、抗感染等。

配方：佛手柑精油2滴、杜松子精油2滴、薰衣草精油2滴、荷荷巴油10 mL。

用法：将上述精油与荷荷巴油均匀混合成按摩油，取适量涂抹于脸部并轻柔按摩。注意不要白天使用。

◎ 配伍精油

佛手柑精油可以和任何一种花香型精油混合，带来迷人的味道，还可以和罗勒、快乐鼠尾草、丝柏、雪松、杜松、乳香、檀香，以及其他柑橘类精油配伍。

03 莱姆精油

植物学名：*Citrus aurantifolia C. medica var. acida*

科　　属：芸香科 Rutaceae

加工方法：冷压法

萃取部位：果皮

主要成分：右旋柠檬烯

　　莱姆是柑橘类水果，酷似柠檬，也被叫作青柠，因为它的果实是淡绿色的。莱姆品种众多，可分为酸莱姆和甜莱姆两大类。虽然莱姆的维生素 C 含量不如柠檬高，但在众多水果中，它也可以称得上是维生素 C 的天然仓库了。莱姆最早产于印度，现在主要产自美洲和欧洲等地区。但也有人说是摩尔人将莱姆带入欧洲的。早在 16 世纪，葡萄牙和西班牙人开始海上探险活动，莱姆又被他们经由海上带到了美洲，当时航行在大洋中的一艘艘船只满载莱姆。船上可以吃到的食物单一，经常会有船员因为营养问题患上维生素 C 缺乏病，而莱姆正好为他们提供了丰富的维生素 C，慢慢地，人们便将运送莱姆的船只称为"果汁机"。莱姆的气味清朗爽利，闻上去令人耳目一新。在西方，很多饮料和调味料会加入莱姆，另外人们也创造性地在香水中加入了莱姆。

莱姆精油的气味清新活泼，与花香类精油一起调用往往会增强花香的华丽感，是人们惯用的一种方式。在芳香疗法中，它自由挥发，带着柑橘类精油特有的清苦和甜味，在空气中创造并抒发着一种淡然自在的情愫。它总能让人放松心情，让情绪自由流动。莱姆精油的舒缓功能也可以让人在抑郁和无精打采时重整旗鼓，焕发神采。

另外，莱姆精油还有治疗感冒、提高免疫力的功效。还能收敛和调理皮肤，可以帮助改善橘皮组织，让肌肤变得柔润，据说它还可以止血。莱姆精油能有效促进消化液的分泌，帮助厌食症患者打开胃口。它还有净化和排毒的作用，可以加速酒精在体内的分解和代谢，有护肝养肝的功效，所以对喜爱饮酒或者忙于各种应酬的人士来说，莱姆精油可以算作常备神器，能帮助其保护身体，预防酒精中毒。

国医解读

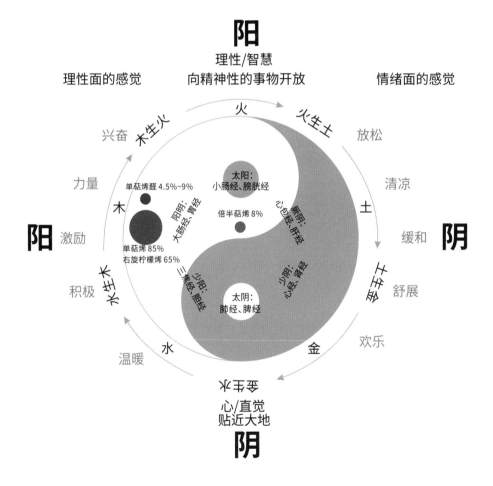

性味与归经：味苦、涩，性平。归心、肺、脾、胃、大肠经。

功效：

·心经：莱姆入心经，具有激励、温暖、平衡的功效，能舒缓压力，使人朝气蓬勃、充满活力等。

·肺经：莱姆入肺经，具有预防感冒、抗菌、抗病毒的功效，还有助于治疗呼吸系统方面的病毒感染，适用于流感、咳嗽、感冒、腮腺炎、支气管炎等。

·脾、胃、大肠经：莱姆入脾、胃、大肠经，能够调节食欲、刺激消化液的分泌，适用于消化不良、胃胀气、食欲不振等。

日常应用

使用方法：香薰、外用。

保存方法：置于深色玻璃瓶中常温保存，建议将玻璃瓶放在木盒中，以降低温度的波动。未开封的纯精油可以保存6年，已开封的最好于2年内用完，若已调和为按摩油，于3个月内用完效果最佳。

注意事项：莱姆精油具有光敏性，应避免在白天使用，以免造成黑色素沉淀，干性皮肤和敏感性皮肤需谨慎使用。

◎ 香薰用法

作用：净化空气，赶走沉闷、沮丧等情绪。

配方：莱姆精油2滴、佛手柑精油2滴、葡萄柚精油2滴。

用法：将上述精油滴入香薰仪中，心情不好时使用，可以马上快乐起来。

◎ 按摩用法

作用：对皮肤有很好的修复作用，包括补水、抗皱、抗感染、抗炎、改善油性肌肤。

配方：莱姆精油1滴、天竺葵精油1滴、分馏椰子油10 mL。

用法：将上述精油与分馏椰子油均匀混合成按摩油，取适量涂抹于脸部并轻柔按摩。由于莱姆精油具有一定的光敏性，建议晚上使用。

◎ 配伍精油

佛手柑、天竺葵、薰衣草、橙花、肉豆蔻、玫瑰草、玫瑰、依兰依兰等精油。

04 柠檬精油

植物学名：*Citrus limon*

科　　属：芸香科 Rutaceae

加工方法：冷压法

萃取部位：果皮

主要成分：右旋柠檬烯、柠檬醛

柠檬是一种常绿植物，原产于印度，柠檬树可以长到高 6 m 左右，开白色或者粉色的花，花香非常浓烈，果实成熟的过程中会由绿变黄。

柠檬被人类识别和使用的历史悠久，每天喝一盎司（1 oz ≈ 29.57 mL）柠檬汁，可以预防多种疾病。现在证实，柠檬中含有丰富的维生素，确实可以有效预防维生素缺乏症和一些血液疾病。

柠檬果实属于柑橘类，具有强大的除臭和解毒功能。长久以来，柠檬的抗菌性能一直被人们所熟知。当携带疾病的虫豸肆虐时，柠檬几乎可以作为人们的"救命神器"，人们像珍视宝物一样珍视柠檬。埃及人在得了伤寒病或者是食物中毒时经常用柠檬作为解毒良药。它也有助于缓解高血压和动脉硬化等疾病。自从柠檬传到欧洲，就被欧洲人视为宝贝，其富含维生素 C 的特性令人们爱不释手，欧洲人把它视作调解内分泌的良药。现在，柠檬因香气强烈持久，也逐渐被应用到香水工业和食品加工领域。

柠檬是天然的抗菌剂，在烧烤海鲜、肉类时，如果在这些食物上面放一片柠檬，其腥味会很快被柠檬酸转化，肉味会变得更加纯正。柠檬精油是果类精油中应用范围最广的一款精油，手工压榨果皮就可以得到精油。柠檬精油香味清新，可以消除倦怠、提振精神，其富含的天然果酸又可美白皮肤、淡化细纹和斑点，近年来，美容护肤行业应用柠檬的这一特性，研发出了很多护肤品。

国医解读

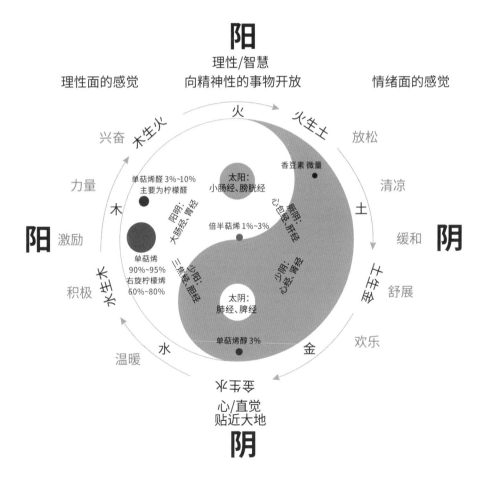

性味与归经：味苦、性温。归肺、脾、胃、大肠、小肠、肝经。

功效：

·肺经：柠檬入肺经，能够清除老化的细胞而使暗淡的皮肤变得白皙，也能修复破损的微血管，还对油性发质具有一定的改善作用。

·脾、胃、大肠、小肠经：柠檬入脾、胃、大肠、小肠经，能够调理酸性体质带来的不适，譬如腰酸腿痛、沉重无力、记忆力差、免疫力差、容易感冒等。柠檬还能够抑制胃酸分泌过旺，使胃液碱性增强，对胃溃疡、胃痛有一定的作用。柠檬亦可促进胰岛素分泌，有利于控制血糖，并溶解脂肪团块。

·肝经：柠檬入肝经，可促进肝脏排毒、避免动脉粥样硬化，并能有效缓解静脉曲张、调节血压等。

日常应用

使用方法：香薰、外用。

保存方法：置于深色玻璃瓶中常温保存，建议将玻璃瓶放在木盒中，以降低温度的波动。未开封的纯精油可以保存6年，已开封的最好于2年内用完，若已调和为按摩油，于3个月内用完效果最佳。

注意事项：柠檬精油具有光敏性，应避免在白天使用，以免造成黑色素沉淀。敏感肌肤者需谨慎使用。

◎ 香薰用法

作用：预防感冒、抗疲劳、振奋精神。

配方：柠檬精油 2 滴、尤加利精油 2 滴、乳香精油 1 滴。

用法：将上述精油滴入香薰炉上的水盘中，插上电源，便可享受芬芳的香薰。

◎ 按摩用法

作用：减轻肝脏负担、帮助排毒。

配方：柠檬精油 6 滴、杜松精油 4 滴、分馏椰子油 20 mL。

用法：将上述精油与分馏椰子油均匀混合成按摩油，取适量涂抹于腹部并进行按摩。

◎ 配伍精油

安息香、洋甘菊、尤加利、茴香、乳香、檀香、姜、杜松、薰衣草、橙花、玫瑰、依兰依兰等精油。

05 葡萄柚精油

植物学名：*Citrus paradisi*

科　　属：芸香科 Rutaceae

加工方法：冷压法

萃取部位：果皮

主要成分：右旋柠檬烯

　　葡萄柚的来历充满传奇，一种说法是，早在 1750 年，这种植物在南美的巴巴多斯岛被传教士发现，19 世纪 80 年代被美国引进。也有传说称这种植物是橙树的变种，最早产于西印度群岛，当时是一位名叫沙达克的船长把它带到其他地区，因此，葡萄柚的果实也就被命名为"沙达克果"。

　　很多地方把葡萄柚叫作西柚，它是芸香科柑橘属的常绿果木。果实排列非常紧密，远看像一串串葡萄，簇拥着生长在枝头，葡萄柚的叫法由此而来。柑橘类植物的果实大都散发着甜甜的果香，闻起来清爽宜人。葡萄柚和橘、橙、柑同宗，也跟柚有"血缘关系"，这样的出身注定了它天然美好的香气，也奠定了它在果类植物中特殊的地位。葡萄柚一经发现，就成为西方上流社会广受追捧的果类，人们将它添加到各种食品和饮品中，以不同的方式享受着它的芬芳。

葡萄柚精油是采用压榨和蒸馏的方式萃取的果皮中的精华，当一滴滴纯净的精油滴落出来的时候，缕缕芳香犹如从遥远深邃的植物丛林中捎来的问候，也像空幽山间泛出的流水轻音，浑然天成的清爽气息涤荡掉杂质，眷顾着人们的身心，闻嗅之间油然升起愉悦感与幸福感。

据研究证实，葡萄柚精油可以滋养组织细胞，同时具有抗感染、抗病菌的功效。另外，它含有柚皮素，可以加速人体脂肪燃烧，有效避免脂肪堆积，近年来很多瘦身产品中都加入了葡萄柚成分。在芳香疗法中，葡萄柚精油的气味对舒缓情绪有所帮助，它可以刺激人体神经，令陷入不安的人镇静下来。其甘美的香气也可让人产生满足感，所以葡萄柚精油总是能给失落的人带来满满的愉悦感。

国医解读

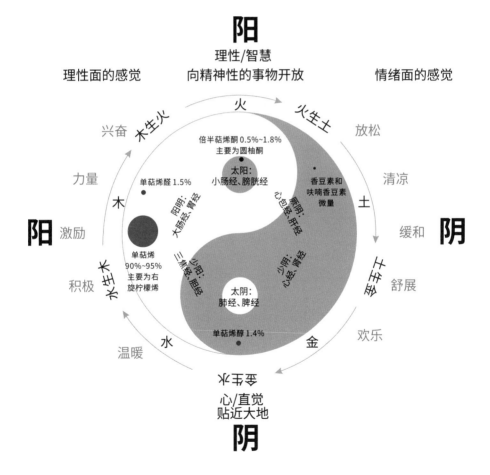

性味与归经：味甘、辛，性凉。归心包、三焦、肝、脾经。

功效：

· 心包经：葡萄柚入心包经，能预防心血管疾病的发生，具有激励、清静、愉悦的功效，能够消除沮丧感、对抗抑郁、稳定中枢神经、减缓紧张和焦虑等。

· 三焦经：葡萄柚入三焦经，能促进人体新陈代谢，维持水分平衡，提高人体免疫力和抗病能力，利尿、加速身体排毒、减肥等。

· 肝、脾经：葡萄柚入肝、脾经，能够促使肠胃分泌消化液，从而增进食欲，促进肠胃消化。葡萄柚还能调节血压和降低人体胆固醇的含量，促进血液循环，增强血管韧性。

日常应用

使用方法：香薰、外用，稀释使用。

保存方法：置于深色玻璃瓶中常温保存，建议将玻璃瓶放在木盒中，以降低温度的波动。未开封的纯精油可以保存 2 年，已开封的最好于 6 个月内用完，若已调和为按摩油，于 3 个月内用完效果最佳。

注意事项：葡萄柚精油一般比较安全，不具有光敏性，但保质期比较短，请在购买后 6 个月内用完。

◎ 香薰用法

作用：提振精神、安抚情绪。

配方：葡萄柚精油2滴、迷迭香精油1滴、柠檬精油1滴 。

用法：将上述精油滴入香薰炉上的水盘中，插上电源，便可享受芬芳的香薰。

◎ 泡浴用法

作用：促进淋巴循环、提升免疫力、帮助减肥。

配方：葡萄柚精油2滴、薰衣草精油2滴、杜松精油2滴、分馏椰子油5 mL。

用法：将上述精油与分馏椰子油混合均匀，倒入浴缸热水中，搅散后泡浴，时间以10~15分钟为宜。

◎ 配伍精油

葡萄柚精油可以很好地与其他柑橘类精油配伍，也能与芫荽、天竺葵、玫瑰、薰衣草、迷迭香、雪松、杜松等精油配伍。

06 野橘精油

植物学名：*Citrus sinensis*

科　　属：芸香科 Rutaceae

加工方法：冷压法

萃取部位：果皮

主要成分：右旋柠檬烯、月桂烯

　　野橘也叫绿橘，原产于中国和印度。在我国，橘的历史悠久，在文化史上占有重要位置。在先秦文献中，被提到最多的果树就是橘树，屈原的《橘颂》就是为大众所熟知的歌颂橘的文学作品。在我国的文化传统中，橘象征着高洁与美好。在民间，人们也经常采橘朝圣或者用它驱邪，橘也是吉祥如意的象征。

　　慢慢地，世界更多地区的人知道了野橘，有的地方将它做成茶品，有的地方将它添加到香水和食品中，它的使用领域不断扩大。

　　每一颗野橘果实，都如同一颗金黄的小太阳，散发着甘甜、清新的活力。野橘精油萃取自野橘的果皮，每一滴清澈的精油都让人联想到自然界清新的风和甘甜的果香。光是轻嗅就能让人心旷神怡。精油萃取使用的是冷压榨取的方法，可以最大限度地保留其成分的纯正性。野橘精油中含有丰富的单萜烯，这种物质作用于免疫系统，极具净化和激励的功能。每当季节交替的时候，准备一瓶野橘精油，是预防感冒、清洁居家环境的绝妙选择。很多清洁剂中也加入了野橘精油，增强了消毒杀菌的功效。

另外野橘精油萃取自植物成熟后果实的果皮，也将阳光的能量完好地保存进了每一滴精油之中，在严酷的冬季使用再好不过。特别是按摩或者沐浴时，加入野橘精油可有效舒缓身心、提振精神。野橘精油特别温和，可以和多种精油调和在一起使用，并且会增强混合后精油的功能。

值得注意的是，它具有光敏性，使用之后，过一段时间才能晒太阳。

国医解读

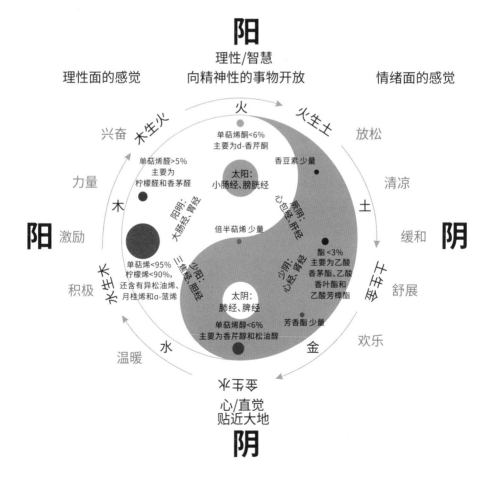

性味与归经：味苦、辛，性温。归心、肺、脾、胃、大肠、小肠、肝经。

功效：

·心经：野橘入心经，气味温和圆润，让人闻后感到心情愉悦，具有激励、平衡、温暖的功效，有助于缓解抑郁、稳定心神、减轻焦虑，还可缓解神经性头痛。

·肺经：野橘入肺经，具有抗病毒、抗氧化、改善衰老的功效，适用于支气管炎、感冒、流感、发烧，可以紧致皮肤、淡化细纹等。

·脾、胃、大肠、小肠经：野橘入脾、胃、大肠、小肠经，可以调理胃肠功能和刺激肠胃蠕动，有效地排除体内的垃圾和毒素，清除体内的自由基，促进血液循环，加速脂肪分解。

·肝经：野橘入肝经，具有抗痉挛、利胆、利消化吸收、护肝的功效，可促进胆汁分泌、调节肝脏代谢等。

日常应用

使用方法：香薰、外用。

保存方法：置于深色玻璃瓶中常温保存，建议将玻璃瓶放在木盒中，以降低温度的波动。未开封的纯精油可以保存6年，已开封的最好于2年内用完，若已调和为按摩油，于3个月内用完效果最佳。

注意事项：野橘精油具有光敏性，在用野橘精油进行皮肤按摩后要避免晒太阳。

◎ 香薰用法

作用：净化空气，缓解抑郁、烦躁。

配方：野橘精油可单独使用，或配合其他花香型及木香型精油香薰。

用法：将上述精油滴入香薰炉上的水盘中，插上电源，便可享受芬芳的香薰。

◎ 按摩用法

作用：促进消化、提振食欲。

配方：野橘精油3滴、莳萝精油1滴、薄荷精油1滴、分馏椰子油10 mL。

用法：将上述精油与分馏椰子油均匀混合成按摩油，取适量涂抹于腹部并沿顺时针方向按摩。

◎ 配伍精油

野橘精油可以很好地与其他柑橘类精油配伍，也能与芫荽、天竺葵、玫瑰、薰衣草、迷迭香、雪松、杜松等精油配伍。

07 八角茴香精油

植物学名：*Illicium verum*

科　　属：八角科 Illiciaceae

加工方法：水蒸馏法

萃取部位：种子

主要成分：洋茴香脑、洋茴香酮

　　八角茴香是一种古老的常绿植物，原产自东亚。果实长到鲜绿的时候就被蒸馏，加工成八角茴香精油。追根溯源，八角茴香是从我国的大茴香演变来的，因为是绿色，又被称为绿茴香。日本也有一种八角茴香，却是有毒的。

　　在我国，八角茴香很早就是烹饪中的重要调料。时至今日，在我国，无论大江南北，人们的厨房里都少不了它的影子，特别是烹食荤菜，八角茴香更是不能缺席。在古代，人们经常将八角茴香列入中药行列，利用它开胃、增进食欲的功效，另外它还有助于缓解胃肠道胀气、消除阻塞。

在中南半岛上，生产八角茴香是那里的乡村工业中一项重要的项目。因为八角茴香既可以进入厨房，又可以入药，所以它的需求量很大。有时候，人们也将八角茴香打成粉，加入茶或者咖啡中，取它的香味入饮也是一大享受。原来只有烹食肉类的菜肴才会加入八角茴香，近年来，很多甜点也加入了这种调味剂，变着花样地增进人们的食欲。

在 16 世纪，八角茴香由英国探险家带入欧洲，以其浓烈的香气和在食品制作中的用途而广受欧洲人的欢迎。很多外国人不但用它烹制美食，甚至在酿酒的时候也会用到它。

八角茴香提炼出的精油味道辛辣刺激，极具穿透性，是一款功能强劲的精油，可能会过度刺激神经系统。在芳香疗法中，一般是不使用这款精油的。在特殊情况下，可能需要用到八角茴香精油，但要预先做过敏测试。即便如此，八角茴香精油还是有很多好处的，比如调解胃肠道功能、治疗感冒、缓解经期不适等，让善于使用它的人津津乐道。

国医解读

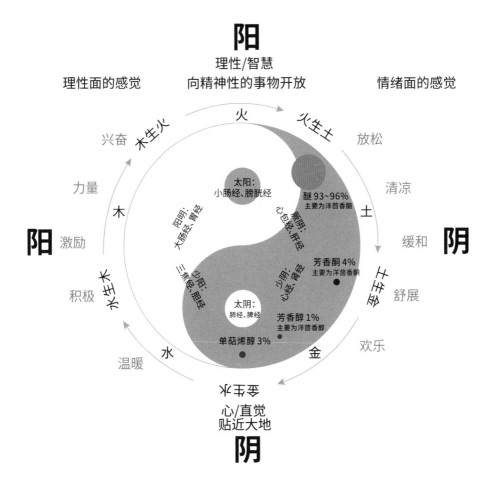

阳
理性/智慧
理性面的感觉　　向精神性的事物开放　　情绪面的感觉

火　　火生土
兴奋　木生火　　　　　　放松
　　　　　　　　　　　　　　清凉
力量　　　　太阳:
　　　　小肠经、膀胱经
　　木　　　　　　　　　醚93~96%
　　　　　　　　　　　　主要为洋茴香脑
阳　激励　　　　　　　　　　　　土　　阴
　　　　　　　　　　　　　　　　　缓和
　　　　　　　　　芳香酮4%
　　　　　　　　　主要为洋茴香酮
积极　水生木　　　　　　　　　　　舒展
　　　　　太阴:
　　　　肺经、脾经
　　　　　　芳香醇1%
　　　　　　主要为洋茴香醇
　　水　　　单萜烯醇3%　金　欢乐
温暖

心/直觉
贴近大地

阴

性味与归经：味辛、性温。归肾、肝、脾、胃、肺、心包经。

功效：

· 肾经：八角茴香入肾经，具有类雌性激素的作用，适用于经血过少、闭经、更年期综合征、痛经等症。

· 肝、脾、胃经：八角茴香入肝、脾、胃经，具有促消化、预防胃溃疡和护肝等功能，适用于腹痛、肠道平滑肌痉挛、胃酸过多、腹胀、消化功能紊乱、胃炎等。

· 肺经：八角茴香入肺经，具有镇痛和抗菌的功效，适用于哮喘性支气管炎、肺瘀血等。

· 心包经：八角茴香入心包经，具有促进血液循环、安抚情绪的功效，有利于放松情绪、放松中枢神经等。

日常应用

使用方法：外用。

保存方法：置于深色玻璃瓶中常温保存，建议将玻璃瓶放在木盒中，以降低温度的波动。未开封的纯精油可以保存 6 年，已开封的最好于 2 年内用完，若已调和为按摩油，于 3 个月内用完效果最佳。

注意事项：八角茴香精油属于强效精油，有麻醉作用，建议使用1%以下的低浓度比例进行稀释或调和。孕期及癫痫病患者禁用。

◎ 按摩用法

作用：缓解胃气胀。

配方：八角茴香精油5滴、乳香精油2滴、分馏椰子油20 mL。

用法：将上述精油与分馏椰子油均匀混合成按摩油，取适量涂抹于腹部并沿顺时针方向按摩。

◎ 配伍精油

月桂、佛手柑、芫荽、豆蔻、小茴香、姜、雪松、柏树、柑橘等精油。

08 胡萝卜籽精油

植物学名：*Daucus carota*

科　　属：伞形科 Umbelliferae

加工方法：水蒸馏法

萃取部位：种子

主要成分：胡萝卜醇、胡萝卜次醇

　　胡萝卜是一种大家都不陌生的蔬菜，但是用来萃取精油的胡萝卜却是野生的，不是被我们食用的品种。野生胡萝卜的种子含油量高，根细小，是 17 世纪由荷兰人培育出来的。

　　胡萝卜的价值在古代就备受推崇，公元 1 世纪，人们就开始用它烹饪和入药。早期的希腊药典中，在对胡萝卜的称呼还不清楚的时候，它就已经是应对疾病的座上宾了。胡萝卜里富含胡萝卜素，在体内可转化为维生素 A，作用于人体牙齿、皮肤和毛发，是维持生命运行不可或缺的一种物质。法国人偏爱胡萝卜，16 世纪，它在法国的医院里被纳入医疗处方，而胡萝卜籽精油现在在法国的芳香疗法行业，也是惯常使用的一款精油。从 16 世纪开始，人们发现它在应对皮肤疾病上有非常棒的功效后，使用胡萝卜籽精油进行治疗的风气日渐风靡。

胡萝卜籽精油呈淡黄色，散发着浓郁的香味。它的功效彰显在护肤领域，无论何种肤质，它都能刺激皮肤细胞再生。年轻人使用，可以令肌肤更加紧致饱满，富有弹性。而成熟肌肤使用，则可以应对色素暗沉、皮肤松弛老化等症状，是早衰皮肤的救星。除此之外，它还能对皮肤进行清洁、补水、美白、祛斑等。可以说，一款胡萝卜精油可以全面照顾到皮肤里里外外的需求，是爱美人士当之无愧的"守护法宝"。

胡萝卜籽精油的净化功能是全方位的，犹如天然的洗涤剂。在外净化皮肤，在内能加速肝肾排毒，对肝胆和肾脏有清理作用。此外它还可以有效地调节荷尔蒙分泌，帮助女性受孕。

国医解读

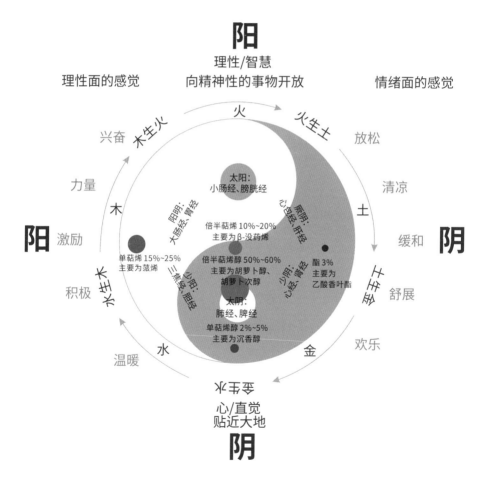

性味与归经：味甘、性平。归肝、脾、肺经。

功效：

· 肝、脾经：胡萝卜籽入肝、脾经，具有帮助肝脏祛毒、提高新陈代谢的功效，适用于黄疸、关节炎、痛风、水肿、风湿病、胃积食等。

· 肺经：胡萝卜籽入肺经，可以增强鼻孔、咽喉和肺脏黏膜的功能，有益于支气管炎和流行性感冒的痊愈。

日常应用

使用方法：外用。

保存方法：置于深色玻璃瓶中常温保存，建议将玻璃瓶放在木盒中，以降低温度的波动。未开封的纯精油可以保存6年，已开封的最好于2年内用完，若已调和为按摩油，于3个月内用完效果最佳。

注意事项：胡萝卜籽精油一般来说比较安全，但过敏性肌肤还需小心使用。稀释使用，孕妇禁用。

◎ 按摩用法

作用：调节内分泌，调理月经。

配方：胡萝卜籽精油5滴、杜松精油1滴、天竺葵精油1滴、玫瑰精油1滴、甜杏仁油20 mL。

用法：将上述精油与甜杏仁油均匀混合成按摩油，每天一次按摩全身，如不能全身按摩，也可按摩相应穴位或部位。

◎ 泡浴用法

作用：缓解过敏瘙痒、舒缓皮肤炎症。

配方：胡萝卜籽精油5滴、德国洋甘菊精油3滴、甜杏仁油10 mL。

用法：将上述精油与甜杏仁油混合，涂抹全身尤其是患处，然后泡浴，时间以10~15分钟为宜。

◎ 配伍精油

佛手柑、杜松、洋甘菊、薰衣草、柠檬、莱姆、迷迭香、马鞭草等精油。

09 欧白芷精油

植物学名：*Angelica archangelica*

科　　属：伞形科 Umbelliferae

加工方法：水蒸馏法

萃取部位：种子、根

主要成分：α- 蒎烯、柠檬烯

欧白芷是一种药草，多生长在有水的岸边，分布在北欧及俄罗斯等地。欧白芷药用的历史悠久，3 世纪时就有医生告知人们，欧白芷可以治腹痛。伦敦大瘟疫期间，人们焚烧欧白芷的种子来洁净空气，咀嚼它的根茎来预防病毒侵袭。詹姆斯一世时的杰出医师曾经将它作为医疗处方来预防感染，17 世纪的法国草药学家邱梅和雷梅里也多次说起欧白芷有杀毒、化痰和发汗的功效。还有医生发现它能激励消化系统和神经系统，从而对厌食症的治疗也有好处。欧白芷能滋补身体，可通经活血，恢复机体生机，对女性因机体受损导致的不孕不育有非常显著的改善效果，它的滋补功效堪比我国的当归，有"洋当归"的称号。

欧白芷精油分两种，一种提取自它的根，一种提取自它的种子。种子含油量多，但功效还是根部精油强。精油虽然是液体，但是很浓稠，无色的精油放置一段时间后会变黄，当变成棕黑色时就不能再使用了。

欧白芷精油杀菌消毒的效果非常好，预防病毒传染一般都少不了它。它也是胃肠胀气与消化不良的克星，在芳香疗法中，其提振精神、疏通经络、活化气血的能力很强。它的各种功效强效彪悍，在顽症面前恰似钢铁硬汉，但又气味甜美，草药香中散发着一丝麝香气息，所以有人说欧白芷精油是"铁汉柔情"。

国医解读

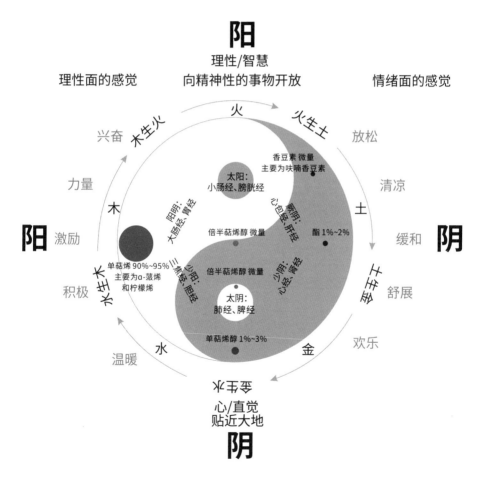

性味与归经：味辛、性温。归肺、胃、膀胱、大肠、小肠经。

功效：

·肺经：欧白芷入肺经，具有抗菌、抗发炎、增强抵抗力和温和化痰的功效，还可缓解哮喘、提亮皮肤等。

·胃经：欧白芷入胃经，具有健胃、消除胀气、抗痉挛等功效，适用于食欲不振、肠胃不和、胃痉挛等。

·膀胱、大肠、小肠经：欧白芷入小肠、大肠、膀胱经，具有促进雌激素分泌和治疗消化不良的功效，可用于通经、治疗经前紧张、绝经综合征、腹胀气等。

日常应用

使用方法：香薰。

保存方法：置于深色玻璃瓶中常温保存，建议将玻璃瓶放在木盒中，以降低温度的波动。未开封的纯精油可以保存6年，已开封的最好于2年内用完，若已调和为按摩油，于3个月内用完效果最佳。

注意事项：欧白芷根精油具有光敏性，同时对过敏性体质的人有刺激性，外用容易引起皮炎。

◎ 香薰用法

作用：改善因疲劳和压力造成的失眠。

配方：欧白芷精油2滴、薰衣草精油1滴、檀香精油1滴。

用法：将上述精油滴入香薰炉上的水盘中，插上电源，便可享受芬芳的香薰。

◎ 配伍精油

罗勒、天竺葵、洋甘菊、葡萄柚、薰衣草、柠檬、野橘等精油。

10 欧芹精油

植物学名：*Petroselinum sativum*

科　　属：伞形科 Umbelliferae

加工方法：水蒸馏法

萃取部位：种子

主要成分：肉豆蔻醚、莰烯

　　欧芹并非我们常说的香芹，和香芹一样，欧芹也散发一种药香味，也是一种营养价值很高的蔬菜。但从外形上看，欧芹的叶子呈披针状线形，香芹的叶子则是羽片状的。在古希腊文中，欧芹是"石头"的意思，因这种植物多生在遍布砂石的土壤环境中，原产于地中海地区，如今在世界很多地方都有种植。

　　古希腊人偏爱欧芹，很早就将它收录在植物志里，他们认为欧芹象征喜悦和荣誉。古罗马人不但用它做菜下饭，还发现欧芹对泌尿系统的疾病有很好的疗效。欧洲人则觉得这种植物会带来不幸，一直对营养丰富的欧芹避而远之。直到 16 世纪这种说法才被打破，欧芹被端上了餐桌。

如今，欧芹成了全世界各地人们厨房里常见的调味蔬菜，特别是西餐中，人们习惯在烹饪结束后撒入一把欧芹碎屑点缀在菜品上，既提亮了色泽，又增添了香气。

欧芹有利尿排毒的功效，还有助于消除瘀血，扩张微血管，加速血液循环，对月经不规律有很好的调解作用。

欧芹精油提取自欧芹的种子，其实它的根、叶也可以提炼精油，只是种子的含油量最高。欧芹精油颜色偏黄，散发着草药气味。在男性香水和香皂中常见欧芹精油成分，可能是跟它独特的草药香味有关。

需要注意的是，欧芹精油容易引起子宫收缩，孕妇和患有痛经的女性禁用。

国医解读

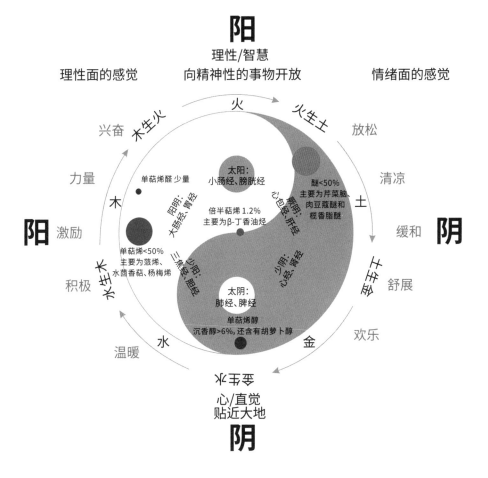

阳
理性/智慧
向精神性的事物开放

理性面的感觉

情绪面的感觉

兴奋　木生火　火　火生土　放松

力量　　　　　　　　　　　　　　清凉

阳　激励　　　　　　　　　　　　缓和　**阴**

积极　水生木　　　　　　　　　舒展

温暖　　　　　水　　　　　欢乐

木　　　　　土

太阳:
小肠经、膀胱经

单萜烯醛 少量

倍半萜烯 1.2%
主要为β-丁香油烃

醚<50%
主要为芹菜脑、
肉豆蔻醚和
榄香脂醚

单萜烯<50%
主要为蒎烯、
水茴香萜、杨梅烯

太阴:
肺经、脾经

单萜烯醇
沉香醇>6%,还含有胡萝卜醇

大肠经、胃经　阳阴:

三焦经、胆经　少阴:

心包经、肾经　厥阴:

心经、肾经　少阴:

金

火生水

心/直觉
贴近大地

阴

性味与归经：味辛、廿，性凉。归心、心包、肺、膀胱经。

功效：

· 心、心包经：欧芹归心、心包经，具有使人冷静的功效，能够缓解焦虑、忧郁、恐慌、压力大和失眠等。

· 肺经：欧芹入肺经，有利于微血管扩张，消除瘀血、促进血液循环，有助于头皮和毛发的生长，可缓解过敏性皮肤炎症，有美白和保湿等功效。

· 膀胱、肾经：欧芹入膀胱、肾经，具有消炎、利尿、排毒的功效，适用于月经不调、经血过少、膀胱炎，有助于治疗肾脏疾病、刺激分娩等。

日常应用

使用方法：香薰、外用，稀释使用。

保存方法：置于深色玻璃瓶中常温保存，建议将玻璃瓶放在木盒中，以降低温度的波动。未开封的纯精油可以保存 6 年，已开封的最好于 2 年内用完，若已调和为按摩油，于 3 个月内用完效果最佳。

注意事项：欧芹精油使用过量容易引起眩晕，孕期及痛经时禁用。

◎ 香薰用法

作用：养颜、调经养血。

配方：欧芹精油2滴、玫瑰精油1滴、迷迭香精油1滴。

用法：将上述精油滴入香薰炉上的水盘中，插上电源，便可享受芬芳的香薰。

◎ 按摩用法

作用：调理、美容。

配方：欧芹精油3滴、薰衣草精油3滴、罗马洋甘菊精油2滴、分馏椰子油20 mL。

用法：将上述精油与分馏椰子油均匀混合成按摩油，取适量涂抹于不适部位，并进行按摩。

◎ 配伍精油

罗勒、丁香、薰衣草、莱姆、柑橘、马郁兰、迷迭香等精油。

11 芫荽籽精油

植物学名：*Coriandrum sativum*

科　　属：伞形科 Umbelliferae

加工方法：水蒸馏法

萃取部位：种子

主要成分：沉香醇、γ - 松油烯

　　芫荽也就是我国北方人常说的香菜，是一年或两年生草本植物，有非常强烈的香气，是饮食中常用的调味蔬菜。芫荽原产于地中海流域，传说是在西汉时张骞出使西域，从那里带回了这种植物，然后在我国广泛种植。

　　我国的《本草纲目》中有记载，芫荽"性味辛温香窜，内通心脾，外达四肢"。

　　芫荽气味清新芳香，对于喜欢它的人来说就是人间美味，但是对于不喜欢这种味道的人来说，它散发出来的气味可能更接近于臭味。古希腊人就认为它的种子碾碎后散发出来的气味堪比臭虫，还将这种植物命名为"Koris"，后来经过多年演变，才改成了英文名"Coriander"。《自然史》的作者古罗马作家老普林尼则说它"闻起来像跳蚤"，即便如此，也不影响人们在厨房大肆使用芫荽，把芫荽做成备受欢迎的菜品和汤。

越来越多的科学研究证实，芫荽籽精油质地特别温和，有保护肠道、降低胆固醇的功效。它可以舒缓胃痛、关节痛和风湿痛，被誉为"温暖力量的源泉"。

古埃及人觉得芫荽是一种"能带来幸福的香料"，考古学家在公元前13世纪古埃及拉美西斯二世的墓穴中发现了芫荽籽。芫荽籽精油可以镇静、抗疲劳，能有效刺激雌激素的分泌，具有调节生殖系统的作用。

国医解读

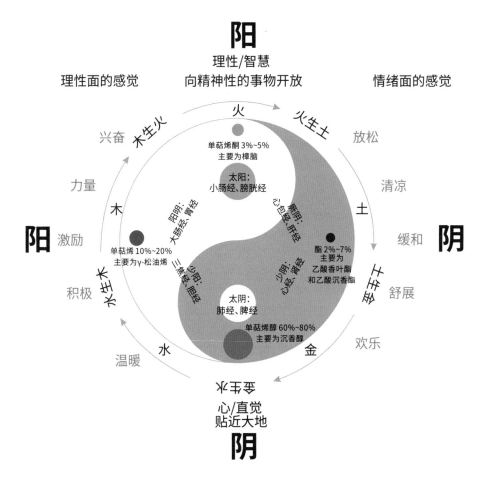

阳
理性/智慧
向精神性的事物开放

理性面的感觉

情绪面的感觉

阳

阴

兴奋

力量

激励

积极

温暖

放松

清凉

缓和

舒展

欢乐

木生火

火

火生土

木

土

水生木

金

水

木

金

水生火

心/直觉
贴近大地

阴

火

单萜烯酮 3%~5%
主要为樟脑

太阳:
小肠经、膀胱经

厥阴:
心包经、肝经

酯 2%~7%
主要为
乙酸香叶酯
和乙酸沉香酯

少阴:
心经、肾经

太阴:
肺经、脾经

单萜烯醇 60%~80%
主要为沉香醇

阳明:
大肠经、胃经

少阳:
三焦经、胆经

单萜烯 10%~20%
主要为γ-松油烯

性味与归经：味辛、性温。归心、肺、脾、胃、大肠、膀胱经。

功效：

· 心经：芫荽籽入心经，具有激励、平衡、增加活力的功效，有助于恢复精神、镇静等，适用于虚弱、疲倦等症。

· 肺经：芫荽籽入肺经，具有抗细菌、抗病毒、抗真菌、抗炎、缓解疼痛、保护肌肤的功效，适用于细菌引起的心绞痛、细菌引起的支气管炎、过敏性皮炎、痤疮等。

· 脾、胃、大肠经：芫荽籽入脾、胃、大肠经，具有抗痉挛的功效，适用于消化不良、肠胃痉挛、肠绞痛、胀气、腹泻、痔疮等。

· 膀胱经：芫荽籽入膀胱经，具有刺激雌性激素分泌和利尿的功效，适用于月经不调，还可帮助身体排毒等。

日常应用

使用方法：香薰、外用。

保存方法：置于深色玻璃瓶中常温保存，建议将玻璃瓶放在木盒中，以降低温度的波动。未开封的纯精油可以保存 6 年，已开封的最好于 2 年内用完，若已调和为按摩油，于 3 个月内用完效果最佳。

注意事项：芫荽籽精油效力较强，一般不具有刺激性，但大剂量使用也可能导致昏迷。妇女妊娠期禁用。

◎ 香薰用法

作用：活化细胞、增强记忆力。

配方：芫荽籽精油2滴、罗勒精油1滴、迷迭香精油1滴、玫瑰精油1滴。

用法：将上述精油滴入香薰炉上的水盘中，插上电源，便可享受芬芳的香薰。

◎ 按摩用法

作用：增进食欲、促进消化。

配方：芫荽籽精油2滴、姜精油1滴、黑胡椒精油2滴、分馏椰子油10 mL。

用法：将上述精油与分馏椰子油均匀混合成按摩油，取适量涂抹于胃部并进行按摩。

◎ 配伍精油

天竺葵、百里香、迷迭香、柠檬香茅、姜、肉桂、黑胡椒、杜松、丝柏、佛手柑、柠檬、苦橙叶、橙花、茉莉等精油。

12 当归精油

植物学名：*Angelica sinensis*

科　　属：伞形科 Umbelliferae

加工方法：水蒸馏法

萃取部位：根茎

主要成分：藁本内酯、罗勒烯

　　当归是中医治疗中经常用到的一味中草药，生长在山地，全株深绿色，花朵呈伞状，根茎是我们常用的药材。当归不但可以补血，还可以行血，是补气血药方中经常使用的草药。

　　晒干后的当归根有点像人参，它的气味有厚重的甜味，是补血佳品。又因为它气味轻而有辛辣的感觉，可有效推动血液运行，有行血的功效。特别是女性群体，在操劳过度或者生产后身体元气受损，经常表现为面色苍白、皮肤发黄、月经不调，严重时还会头晕、心悸、失眠，如果这时去看中医，医生的药方里一般都会出现当归的名字。

因此，它又被称为"妇科圣药"。当归对身体的调理是很全面的，因为血气不足可能会导致很多其他问题的产生。

在精油被提取之前，人们缺乏先进的工艺，但也绝不能放弃功效这么好的当归，所以经常用芝麻油或者茶油浸泡当归，用当归油来补血、调经、润肠。这种油还能美白祛斑，让黄化的皮肤变得白嫩，焕发新的神采。人们认识到当归油的功效是由里到外全方位的，所以当归精油被萃取出来后，自然授予它"超级补血精油"的称号。

现代人的生活节奏快，压力大，作息和饮食等习惯不规律，亚健康越来越成为威胁人类生命的严重问题。临床应用证明，当归精油在应对亚健康问题上有着非常不错的效果，在专业医师的指导下搭配其他精油起到的作用将更快、更显著。

国医解读

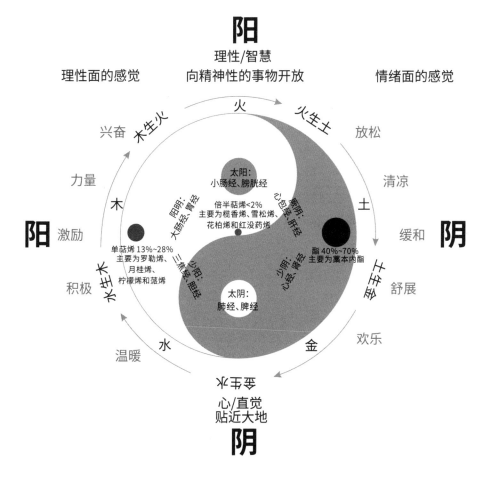

阳
理性/智慧
向精神性的事物开放

理性面的感觉

情绪面的感觉

兴奋　木生火　火　火生土　放松

力量　　　　　　　　　　　　　　清凉

阳　激励　木　　　　　　　　　土　　　**阴**　缓和

积极　水生木　　　　　　　　　　季　舒展

温暖　　　　　水　　　　　金　　　欢乐

太阳：
小肠经、膀胱经

倍半萜烯<2%
主要为榄香烯、雪松烯、
花柏烯和红没药烯

阳明：大肠经、胃经

厥阴：心包经、肝经

少阳：三焦经、胆经

少阴：心经、肾经

太阴：
肺经、脾经

单萜烯 13%~28%
主要为罗勒烯、
月桂烯、
柠檬烯和蒎烯

酯 40%~70%
主要为藁本内酯

心/直觉
贴近大地

阴

性味与归经：味甘、辛，性温。归心、肾、肝、脾、胆经。

功效：

· 心经：当归入心经，能减少心律失常、改善软脑膜微循环、抑制血栓的形成，还能促进血液循环、预防心血管系统疾病等。此外，当归能抑制中枢神经，具有镇静、催眠、镇痛、麻醉等作用。

· 肾经：当归入肾经，可以缓解经前症候群，提升生殖系统功能，适用于月经不调、更年期综合征、痛经等。

· 肝、脾、胆经：当归入肝、脾、胆经，具有行气活血、祛瘀止痛、补血、养血的功效，适用于肝血虚症、脾胃虚弱等，能起到保肝脾的作用。

日常应用

使用方法：香薰、外用。

保存方法：置于深色玻璃瓶中常温保存，建议将玻璃瓶放在木盒中，以降低温度的波动。未开封的纯精油可以保存 6 年，已开封的最好于 2 年内用完，若已调和为按摩油，于 3 个月内用完效果最佳。

注意事项：当归精油气味强烈，可能会刺激皮肤，因此使用浓度应在 1% 以下。妇女妊娠期禁用。

◎ 香薰用法

作用：抗抑郁、增加活力。

配方：当归精油 2 滴、甜橙精油 2 滴、玫瑰精油 1 滴。

用法：将上述精油滴入香薰炉上的水盘中，插上电源，便可享受芬芳的香薰。

◎ 泡浴用法

作用：促进血液循环、缓解疲劳、恢复体力。

配方：当归精油 4 滴。

用法：将当归精油滴入浴缸温水中，搅散后泡浴，时间以15~20 分钟为宜。

◎ 配伍精油

迷迭香、薰衣草、玫瑰、甜橙、杜松、姜、牛至等精油。

13 莳萝精油

植物学名：*Anethum graveolens*

科　　属：伞形科 Umbellifera

加工方法：水蒸馏法

萃取部位：果实

主要成分：d- 香芹酮、柠檬烯

　　传说莳萝产于印度，是一年或多年生草本植物，自地中海地区传到欧洲，长得很像茴香，又叫"洋茴香"。特别是莳萝的种子，有一种既甘甜又清新的气味，它富含维生素和矿物质，可促消化、缓解胃肠胀气。莳萝常作为佐料撒入海鲜中，它特殊的香气可去腥保鲜，令食材更加鲜美，因此莳萝又有"鱼之香草"的美誉。而且饭后吃下含有莳萝的食物，还可以清新口气，令人神清气爽。

　　在五千多年前的埃及，人们将它和其他几种草药合用，来治疗头痛。莳萝的名字 Dill 来自盎格鲁－撒克逊，意思是"使安静"。那时，人们经常给那些难以安睡的孩子服用莳萝，可能是因为莳萝有镇定和消除胃肠胀气的功效，它的效果总是非常好。罗马时代，莳萝籽等同货币，甚至可以直接交换物品，有钱人在宴请宾客时常洒莳萝油，令满座芬芳以炫耀自己的财富。在中世纪，它已经是一种家喻户晓的植物，迷信的人们认为它具有"神效"，可抵抗来自巫术的诅咒。对莳萝推崇备至的法兰克君主查理曼大帝曾颁下谕旨，令全国上下广植此物，这对莳萝的推广可谓是功不可没，自此它在欧洲大陆得以更广泛地使用，特别是在烹饪上。

莳萝精油主要萃取自它的种子，能让使用者从植物精华中获取清爽的能量。莳萝精油还可以促进产妇乳汁分泌。当代临床医学已验证了这个古老的说法，莳萝制成的茶很适合生完孩子的妈妈饮用。

莳萝精油也非常适合孩子使用。除了以上所说的镇定、安眠、消除胀气等功效，莳萝精油还特别适用于胆怯畏缩的孩子，它像慈母的抚慰，有助于让他们紧张的神经松懈下来，扫除幼小心灵上的阴霾。

国医解读

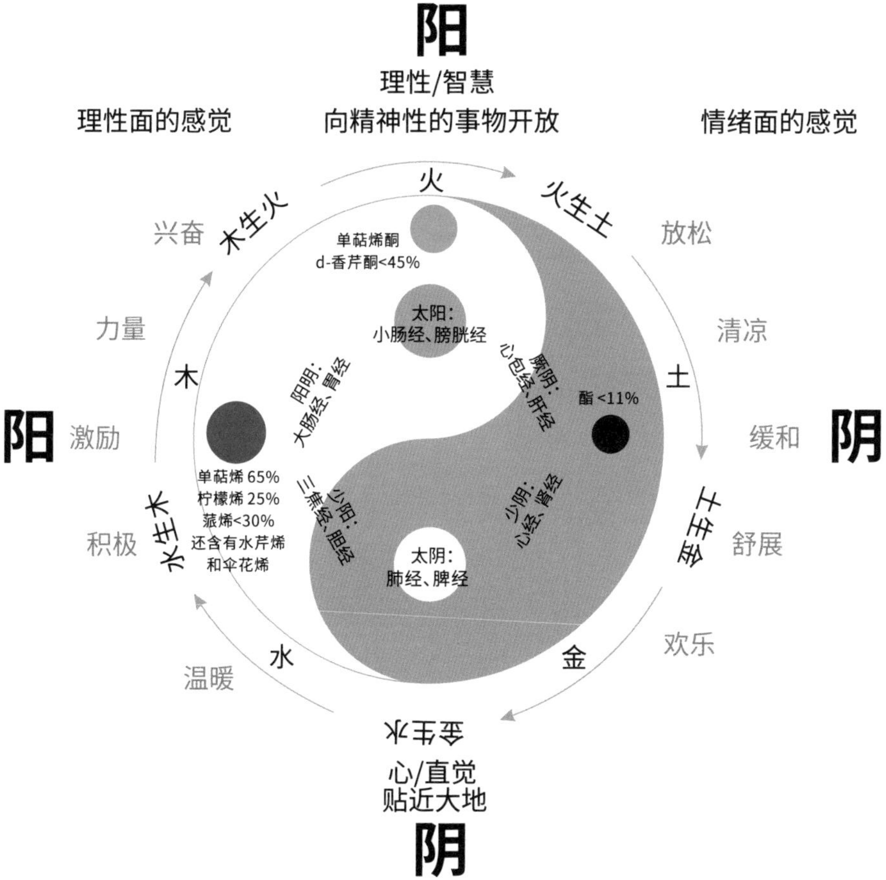
阳
理性/智慧
向精神性的事物开放
理性面的感觉
情绪面的感觉
火
木生火
火生土
兴奋
放松
单萜烯酮
d-香芹酮<45%
太阳：
小肠经、膀胱经
清凉
力量
木
阳明：
大肠经、胃经
厥阴：
心包经、肝经
土
酯<11%
阳
激励
缓和
阴
单萜烯 65%
柠檬烯 25%
蒎烯<30%
还含有水芹烯
和伞花烯
水生木
少阳：
三焦经、胆经
少阴：
心经、肾经
土生金
积极
舒展
太阴：
肺经、脾经
欢乐
水
金
温暖
金生水
心/直觉
贴近大地
阴

性味与归经：味辛、涩，性温。归心、胃、大肠、小肠经。

功效：

·心经：莳萝入心经，具有稳定中枢神经、安适、激励的功效，能够安抚紧张的情绪、舒缓不安感。

·胃、大肠、小肠经：莳萝入胃、大肠、小肠经，具有温脾开胃、散寒暖肝、理气止痛的功效，有助于治疗腹中冷痛、呕逆、寒疝、痞满少食，能强化胰腺功能，降低血糖，还可帮助产妇顺产（在接近自然分娩的时期才可使用，并且用量与用法请咨询医生），并可促进乳汁分泌等。

日常应用

使用方法：香薰、外用，稀释使用。

保存方法：置于深色玻璃瓶的常温中保存，建议将玻璃瓶放在木盒中，以降低温度的波动。未开封的纯精油可以保存6年，已开封的最好于2年内用完，若已调和为按摩油，于3个月内用完效果最佳。

注意事项：莳萝精油有助产作用，所以妇女妊娠期禁用。

◎ 香薰用法

作用：消胃肠胀气。

配方：莳萝精油2滴、柠檬精油1滴、藿香精油1滴。

用法：将上述精油滴入香薰炉上的水盘中，插上电源，便可享受芬芳的香薰。

◎ 漱口用法

作用：消除口臭，令口气清新。

配方：莳萝精油2滴、芫荽籽精油1滴。

用法：将上述精油滴入温水中搅散，漱口即可。

◎ 配伍精油

芫荽籽、薄荷、薰衣草、迷迭香、天竺葵、甜橙、苦橙叶、橙花、香桃木等精油。

14 德国洋甘菊精油

植物学名：*Matricaria recutita*

科　　属：菊科 Compositae

加工方法：水蒸馏法

萃取部位：花朵

主要成分：天蓝烃、没药醇

在洋甘菊中，最常被提到的就是德国洋甘菊和罗马洋甘菊。这两种洋甘菊都有安抚、镇静和抗发炎的功效。但是根据具体用途，这两种洋甘菊也显示出了很大的区别。

洋甘菊在萃取过程中，会产生一种植物体内原本不包含的物质，叫天蓝烃。天蓝烃使精油呈现不同程度的蓝色，德国洋甘菊精油的蓝色比罗马洋甘菊精油要深邃得多。两者均用途广泛，但是德国洋甘菊精油侧重于身体护理，常被看作是药品。而罗马洋甘菊精油侧重用在情绪照顾和个人保养上，用于安抚受到惊吓后的情绪，比德国洋甘菊精油更加温和，可以作为儿童用油。它对失眠、焦虑、身心紧张同样有良好疗效。德国洋甘菊精油抗发炎、抗过敏效果显著，因为效果比较强，使用的剂量也要相当慎重。另外，它还能激发肝胆功能，对人体的消化问题及时起到作用。很多妇科问题，比如月经不调和更年期综合征也可以求助于德国洋甘菊精油。

从古代开始，洋甘菊就是"最温柔的美肤力量"，无论是德国洋甘菊还是罗马洋甘菊，抗皮肤过敏、杀菌、消毒等功效都十分显著，犹如上天的恩赐。但是不同于罗马洋甘菊，德国洋甘菊刺激性比较强，很少用在护肤品中，而是用在药品中。而罗马洋甘菊就像是一个好脾气的照顾者，甚至孩子稚嫩的肌肤，也可以用它来呵护。

国医解读

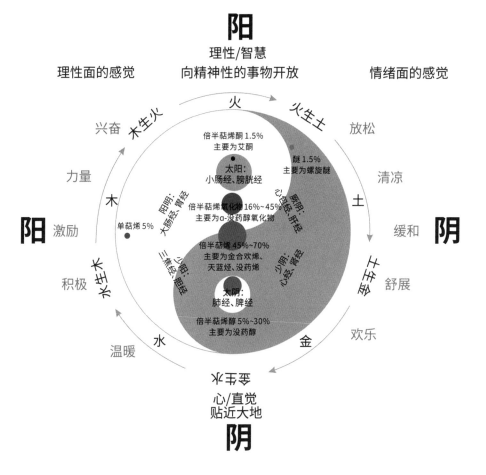

阳
理性/智慧
向精神性的事物开放

理性面的感觉　　　　　　　　　　情绪面的感觉

阳　　　　　　　　　　　　　阴

火　　火生土
兴奋　木生火　　　　　　　放松

力量　　　　　　　　　　清凉

木　　　　　　　　　　土

激励　　　　　　　　　　缓和

积极　水生木　　　　　　　舒展

水　　　　　金
温暖　　　　　　　　欢乐

水生金

心/直觉
贴近大地

阴

倍半萜烯酮 1.5%
主要为艾酮

太阳：
小肠经、膀胱经

醚 1.5%
主要为螺旋醚

倍半萜烯氧化物 16%~45%
主要为α-没药醇氧化物

单萜烯 5%

倍半萜烯 45%~70%
主要为金合欢烯、
天蓝烃、没药烯

太阴：
肺经、脾经

倍半萜烯醇 5%~30%
主要为没药醇

阳阴：大肠经、胃经

厥阴：心包经、肝经

少阴：心经、肾经

少阳：三焦经、胆经

性味与归经：味辛、微苦，性凉。归心、胆、肺经。

功效：

· 心经：德国洋甘菊入心经，具有安抚、放松、平衡的功效，可用于改善睡眠、增强记忆力等。

· 胆经：德国洋甘菊入胆经，能帮助肝脏分泌胆汁，减少胆汁中胆固醇的含量，具有保肝、利胆的功效。

· 肺经：德国洋甘菊入肺经，能强效抗发炎、抑制细菌毒素、抗真菌、抗病毒，适用于支气管炎及气喘，可舒缓头痛、偏头痛或感冒引起的肌肉酸痛等。

日常应用

使用方法：外用，稀释使用。

保存方法：置于深色玻璃瓶中常温保存，建议将玻璃瓶放在木盒中，以降低温度的波动。未开封的纯精油可以保存 6 年，已开封的最好于 2 年内用完，若已调和为按摩油，于 3 个月内用完效果最佳。

注意事项：德国洋甘菊精油可能会引起某些人的过敏反应，使用前最好进行皮肤测试。并且，它还具有调理月经的作用，妇女妊娠期禁用。

◎ 按摩用法

作用：治疗轻微烧伤或烫伤。

配方：德国洋甘菊精油2滴、薰衣草精油2滴、甜杏仁油20 mL。

用法：将上述精油与甜杏仁油均匀混合成按摩油，取适量涂抹于受伤部位并轻轻按摩，每日3次。

◎ 配伍精油

薰衣草、佛手柑、玫瑰、茉莉、天竺葵、橙花、柠檬、广藿香、马郁兰、依兰依兰等精油。

15 蓝艾菊精油

植物学名：*Tanacetum annuum*

科　　属：菊科 Compositae

加工方法：水蒸馏法

萃取部位：花朵

主要成分：天蓝烃、蒎烯、柠檬烯

　　摩洛哥蓝艾菊的花朵经过蒸馏提取出蓝艾菊精油，这种精油散发着浓稠的甘甜味和令人愉快的草木醇香。蓝艾菊是摩洛哥当地特有的植物，每年 7 月到月 8 月份是此花盛开的季节，在当地农场，成片的蓝艾菊连成花海，弥漫着甘甜的香气。为了最大程度上保留花朵的美好成分，人们会在蓝艾菊盛放的时刻收割它并进行萃取。蓝艾菊的出油率非常低，1 t 左右的花朵原料才可以蒸馏出 1 L 精油，这就注定了蓝艾菊精油的弥足珍贵。

　　蓝艾菊花是黄色的，为什么精油却变成了蓝色？这是因为在植物蒸馏的过程中，产生了一种叫作天蓝烃的物质，才使精油呈现出鲜亮的蓝色。蓝艾菊精油最强大的功效就是抗菌、消炎和镇痛。

正是因为它消炎效果出色，才会在芳香疗法中有着至关重要的地位。蓝艾菊精油能轻松地让疼痛中收紧的神经缓和下来，趋于平静，感受这来自摩洛哥原野的慰藉。在缓解肌肉酸痛、关节痛、风湿痛、坐骨神经痛等方面，蓝艾菊也有着显著的功效。

蓝艾菊精油的抗过敏功效突出地表现在对呼吸系统和皮肤系统疾病的治疗上。因为具有扩张支气管的作用，它应对哮喘、肺气肿等问题时作用尤为显著。另外在缓解烧伤和晒伤方面，蓝艾菊精油也总能助人一臂之力，也有案例用它来缓解癌症放化疗给身体带来的副作用。这种蓝色的精油天赋极高，但是由于珍贵和稀有，市面上不断出现价格低廉、质量低下的假货，在选用的时候应当格外谨慎，最好请教专业人士。

国医解读

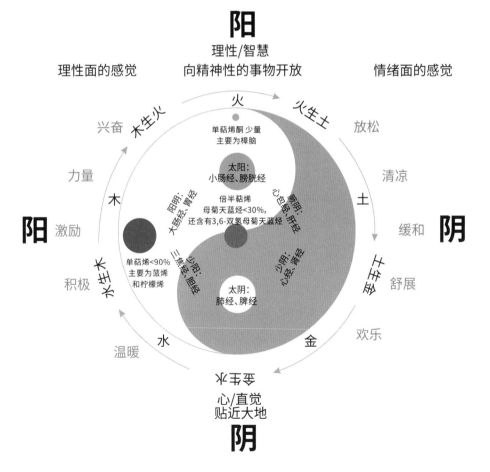

阳
理性/智慧
向精神性的事物开放

理性面的感觉　　　　　　　　　　　情绪面的感觉

兴奋　　火生火

力量

阳　激励

积极

温暖

心/直觉
贴近大地

阴

放松

清凉

阴　缓和

舒展

欢乐

性味与归经：味苦、辛，性平。归心、肺、肾、膀胱经。

功效：

· 心经：蓝艾菊入心经，具有调节荷尔蒙、镇静的功效，能够使人愉快、放松、振奋精神等。

· 肺经：蓝艾菊入肺经，具有消炎、止痒、止痛的功效，能够预防气喘发作、肺气肿，也适用于刺激性皮炎、过敏性皮炎、红斑、关节炎等。

· 肾、膀胱经：蓝艾菊入肾、膀胱经，具有利尿的功效，适用于膀胱炎、尿道炎、肾结石、水肿，促进淋巴系统排毒等。

日常应用

使用方法：外用。

保存方法：置于深色玻璃瓶中常温保存，建议将玻璃瓶放在木盒中，以降低温度的波动。未开封的纯精油可以保存 6 年，已开封的最好于 2 年内用完，若已调和为按摩油，于 3 个月内用完效果最佳。

注意事项：对于菊科过敏的人群需要特别注意，使用蓝艾菊精油之前，建议先做过敏测试。孕妇、哺乳期女性慎用。

◎ 按摩用法

作用：理气和中、改善肠胃不适。

配方：蓝艾菊精油3滴、生姜精油2滴、小豆蔻精油2滴、广藿香精油1滴、薄荷精油1滴、分馏椰子油20 mL。

用法：将上述精油与分馏椰子油均匀混合成按摩油，取适量涂抹于腹部并沿顺时针方向按摩。

◎ 配伍精油

薰衣草、迷迭香、薄荷、佛手柑、玫瑰、茉莉、天竺葵、橙花、柠檬、广藿香、依兰依兰、姜、豆蔻等精油。

16 罗马洋甘菊精油

植物学名：*Anthemis nobilis*

科　　属：菊科 Compositae

加工方法：水蒸馏法

萃取部位：花蕾和初开的花朵

主要成分：异丁酯、异戊酯

　　很早以前人们就发现，洋甘菊可以治疗在它周围生长的灌木，因此被尊称为"植物的医师"。在希腊文中，洋甘菊的名字是"地上的苹果"之意，可能是因为它带有苹果味的芬芳。洋甘菊在拉丁文中则意味着"高贵的花朵"。洋甘菊多年来被美容业和香水制造业所钟爱，也被添加到洗发水中，发挥滋润秀发的功效。当把它加入餐后酒中，很多消化问题也可得到缓解。

　　洋甘菊精油萃取自植物花朵，因功效和产地不同，主要分为罗马洋甘菊和德国洋甘菊两种。这两种洋甘菊精油滋润皮肤和舒缓镇定的效果都非常好，但各有不同的针对性。德国洋甘菊精油的功效侧重针对皮肤的修复能力，可促进皮肤组织再生，修复受损的细胞，使之柔润光泽。罗马洋甘菊精油含有其他精油中少见的欧白芷酸异丁酯，具有绝佳的抗痉挛效果，作用在神经系统上，放松效果显著。特别是对于那些经常惊慌失措的人来说，使用罗马洋甘菊精油，会产生一种躲在妈妈怀抱的温馨感，然后慌乱被慢慢驱散。它在缓解焦虑、紧张情绪上，特别是在缓解女性经期不适和更年期综合征上有很好的效果。

罗马洋甘菊虽名字前冠以"罗马"二字，但它并非源自罗马。大概在两千多年前，象形文字中就开始记载洋甘菊在处理发烧和妇科病方面的疗效。因为这种植物出现在罗马角斗场周围，人们才开始叫它"罗马洋甘菊"。罗马人将它制成草药和饮品，来治疗疾病、保养身体，并焚烧香薰。它的功效很快在欧洲大陆流传，被英国人带到北美，并在那里大量种植。

当压力过大等非常时期来临时，调配一瓶富含罗马洋甘菊的精油，然后充分享受它的抚慰，大概就是人生一大享受了。

国医解读

阳
理性/智慧
向精神性的事物开放

理性面的感觉

情绪面的感觉

火

木生火   火生土

兴奋   单萜烯酮 3%~10%   放松

氧化物 5%

太阳:
小肠经、膀胱经   清凉

力量   单萜烯醛 3%

阳   木   倍半萜烯 1%~8%   土
阳明:大肠经、胃经   主要为β-丁香油烃   阴
激励   单萜烯 5%   厥阴:心包经、肝经
主要为α-蒎烯   少阴:心经、肾经   缓和
酯 70%~80%
主要为异丁
积极   三焦经、胆经   酯和异戊酯   舒展
少阳:

水生木   太阴: 金生土
肺经、脾经
水   单萜烯醇 5%~10%   金   欢乐
主要为松香芹醇

温暖   水生金

心/直觉
贴近大地

阴

性味与归经：味辛、微苦，性凉。归心、肺、脾经。

功效：

· 心经：罗马洋甘菊入心经，具有安抚、纾压、提神、抗忧郁的功效，能够缓解压力、职业倦怠、失眠、紧张和不安、焦虑等。

· 肺经：罗马洋甘菊入肺经，具有抗真菌、抗发炎、抗痉挛与止痛的功效，适用于湿疹、荨麻疹、皮肤干燥、脱皮、红斑、红疹、粉刺等。

· 脾经：罗马洋甘菊入脾经，具有收敛、促进代谢的功效，适用于消化系统炎症、肠燥症、慢性腹泻、肠胃炎等。

日常应用

使用方法：香薰、外用。

保存方法：置于深色玻璃瓶中常温保存，建议将玻璃瓶放在木盒中，以降低温度的波动。未开封的纯精油可以保存 6 年，已开封的最好于 2 年内用完，若已调和为按摩油，于 3 个月内用完效果最佳。

注意事项：罗马洋甘菊精油有通经效果，孕妇禁用；对于少数过敏体质的人有可能引起哮喘等问题。

◎ 香薰用法

作用：舒缓、抚慰。

配方：罗马洋甘菊精油3滴、快乐鼠尾草2滴、薰衣草精油2滴。

用法：将上述精油滴入香薰炉上的水盘中，插上电源，便可享受芬芳的香薰。

◎ 按摩用法

作用：缓解疼痛。

配方：罗马洋甘菊5滴，丁香精油3滴，甜杏仁油15 mL。

用法：将上述精油与甜杏仁油均匀混合成按摩油，取适量涂抹于疼痛部位并进行按摩。

◎ 配伍精油

柑橘类精油，玫瑰、薰衣草、天竺葵、马郁兰、迷迭香、快乐鼠尾草、依兰依兰、丁香等精油。

17 万寿菊精油

植物学名：*Tagetes erecta*

科　　属：菊科 Compositae

加工方法：水蒸馏法

萃取部位：花朵、枝叶

主要成分：万寿菊酮、柠檬烯

关于万寿菊的故乡，一种说法是在北非，另一种说法是在北美洲的墨西哥，但是这种亮橘色花朵的主要生长地在法国，所以也被称作"法国金盏菊"。路边或者公园的花坛里经常会看到它成片成片随风摇曳，煞是亮眼。盛开过后的万寿菊被采摘用来提取色素，用在保健等行业，还会用来蒸馏精油。

万寿菊的气味并不好闻，在 16 世纪它还被叫作"瓣臭菊"。据说一位西班牙军官在墨西哥的郊野发现了它，并将种子带到欧洲。人们见万寿菊的花朵鲜艳可人，便将它取名为"金色的玛利亚"。

后来传到我国仍然以瓣臭菊呼之。有人过寿辰，仆从为了增添气氛，在门口摆了几盆瓣臭菊，主人却将"瓣臭菊"三个字听成了"万寿菊"，且深觉应景，于是这万寿菊的名称不胫而走。清代《花镜》一书的作者陈淏子将这种菊花正式定名为"万寿菊"，它也成了给长辈贺寿或增添喜庆气氛的主要花卉。

在产地非洲，万寿菊常被当地人垂挂在茅屋下用以驱赶苍蝇蚊虫。在田间，它总是和马铃薯、番茄等庄稼间种，以防止病虫害侵蚀其他植物。这充分说明了万寿菊具有很强的驱虫和杀菌的功效。因此，它经常被采摘制成油膏，涂抹在伤口消炎或者用来杀虫。

万寿菊精油除了洋溢着草药味之外，也夹杂着柑橘类的果香，它不但有消毒、杀虫、杀菌的功效，且能促进细胞再生，让皮肤变得柔软，令伤口快速愈合。香薰时还能舒缓紧张，澄清思绪，放松心情。只是在使用时需注意剂量，大量使用可能会过度强化它的消杀功能，导致毒副作用。

国医解读

阳
理性/智慧
向精神性的事物开放

理性面的感觉　　　　　　　　　　　　　　情绪面的感觉

火　　火生土

兴奋　木生火　　　　　　　　　　放松

单萜烯酮50%
主要为万寿菊酮
和双氢万寿菊酮

香豆素少量

力量　　　　　太阳:　　　　　　　清凉
　　　　　　　小肠经、膀胱经
木　　　　　　　　　　　　土

阳　激励　　　　　　　　　　　　　　　缓和　**阴**

单萜烯
30%~40%
主要为罗勒烯
和柠檬烯

积极　水生木

太阴:
肺经、脾经

　　　　　　欢乐
水　　金

温暖　　　　　金生水

心/直觉
贴近大地

阴

性味与归经：味苦、微辛，性凉。归肺、膀胱、大肠、小肠经。

功效：

·肺经：万寿菊精油入肺经，具有消炎、抗病毒、抗真菌的功效，能处理细菌或病毒的感染及化脓的情况，具有促进伤口愈合的作用。

·膀胱经：万寿菊精油入膀胱经，具有促进组织排毒、利尿的作用，适用于尿道感染、膀胱炎、尿道炎、肾结石、水肿等。

·大肠、小肠经：万寿菊精油入大肠、小肠经，有助于治疗胃炎和消化不良等肠胃问题，适用于胀气、腹痛胀泄等。

日常应用

使用方法：香薰，稀释使用。

保存方法：置于深色玻璃瓶中常温保存，建议将玻璃瓶放在木盒中，以降低温度的波动。未开封的纯精油可以保存6年，已开封的最好于2年内用完，若已调和为按摩油，于3个月内用完效果最佳。

注意事项：万寿菊精油有刺激性，使用时应谨慎，最好在使用前做皮肤测试。孕妇禁用。

◎ 香薰用法

作用：促进睡眠。

配方：万寿菊精油 2 滴、薰衣草精油 2 滴、阿米香树精油 1 滴。

用法：将上述精油滴入香薰炉上的水盘中，插上电源，便可享受芬芳的香薰。

◎ 配伍精油

芫荽籽、天竺葵、薰衣草、柠檬、甜橙、茶树、乳香、依兰依兰等精油。

18 西洋蓍草精油

植物学名：*Achillea millefolium*

科　　属：菊科 Compositae

加工方法：水蒸馏法

萃取部位：花、嫩芽

主要成分：樟脑、天蓝烃

　　西洋蓍草原产于欧洲，在欧洲的药用历史长达千年，它在我国也叫蚰蜒草。这种草在欧洲，就像艾草在中国，用于治疗和驱邪的历史悠久，西洋蓍草也有"欧洲艾草"之称。在特洛伊之战中，名将阿喀琉斯明知道自己会像预言中所说的那样战死沙场，但他不顾母亲劝阻，依然扬马出征，最后被暗箭射中脚踝。传说他受伤之后依然坚持作战，就是用西洋蓍草敷在伤口上止血的，后来这种草也被称为"骑士蓍草"。每一个驰骋战场的骑士都知道这种草，也说明了它杀菌、消炎、止血的功效在很久以前就被人们熟知了。

西洋蓍草精油萃取自西洋蓍草的花和嫩芽，本来花是白色或粉红色，但是精油却是很深的蓝色。这是因为在萃取的过程中，产生了叫作母菊天蓝烃的物质。母菊天蓝烃让精油呈现蓝色，而原本的植物体内是不包含这种物质的。这种精油闻上去有一股清澈的草药味，和沉静的蓝色呼应。西洋蓍草精油镇定的效果非常显著，有助于使用它的人将内心和外界进行完美的连接，达到稳定平衡的状态。

国医解读

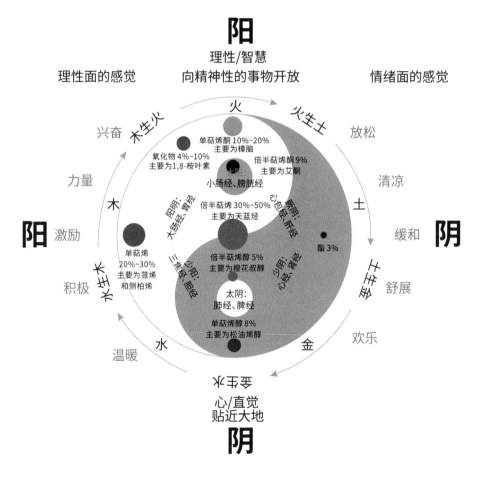

阳
理性/智慧
向精神性的事物开放

理性面的感觉

情绪面的感觉

兴奋

放松

力量

清凉

阳

激励

缓和

阴

积极

舒展

温暖

欢乐

心/直觉
贴近大地

阴

火

火生土

木生火

木

土

水生木

水

金

金生水

阳明:
大肠经、胃经

少阳:
三焦经、胆经

少阴:
心经、肾经

太阴:
肺经、脾经

太阳:
小肠经、膀胱经

厥阴:
心包经、肝经

单萜烯酮 10%~20%
主要为樟脑

氧化物 4%~10%
主要为1,8-桉叶素

倍半萜烯酮 9%
主要为艾酮

倍半萜烯 30%~50%
主要为天蓝烃

醋 3%

单萜烯
20%~30%
主要为蒎烯
和侧柏烯

倍半萜烯醇 5%
主要为橙花叔醇

单萜烯醇 8%
主要为松油烯醇

性味与归经：味微苦、性凉。归心、大肠、小肠、膀胱、肾经。

功效：

· 心经：西洋蓍草入心经，具有激励、强化的功效，能舒缓极度紧张的情绪，亦能在心力衰退之时进行提振。

· 大肠、小肠、膀胱经：西洋蓍草入大肠、小肠、膀胱经，具有刺激胃与肠的腺体及胆汁分泌、促消化的功效，有助于缓解肠胃绞痛、胀气，促进肠胃吸收、消化液的分泌，亦能平衡尿液流动，适用于尿潴留、尿失禁等。

· 肾经：西洋蓍草入肾经，具有促进女性荷尔蒙分泌的功效，有利于改善痛经、更年期综合征等。

日常应用

使用方法：香薰，稀释使用。

保存方法：置于深色玻璃瓶中常温保存，建议将玻璃瓶放在木盒中，以降低温度的波动。未开封的纯精油可以保存 6 年，已开封的最好于 2 年内用完，若已调和为按摩油，于 3 个月内用完效果最佳。

注意事项：长期使用西洋蓍草精油会引起头疼，并会造成皮肤过敏。

◎ 香薰用法

作用：驱寒辟邪、防感冒。

配方：尤加利精油2滴、西洋蓍草精油2滴、樟树精油1滴。

用法：将上述精油滴入香薰炉上的水盘中，插上电源，便可享受芬芳的香薰。

◎ 配伍精油

欧白芷、洋甘菊、杜松、柠檬、迷迭香、柠檬马鞭草、香蜂草等精油。

19 永久花精油

植物学名：*Helichrysum Italicum*

科　　属：菊科 Compositae

加工方法：水蒸馏法

萃取部位：花序

主要成分：乙酸橙花酯、橙花醇

　　永久花是源自地中海地区的一种菊科类植物，药用的历史达数千年之久，它是天然的抗生素、抗菌剂和抗氧化剂，人类对它的研究和应用从未中断过。在古代传说中，永久花被采来晒干，用于祭祀。地中海各国的医学领域，重视永久花的功效已经成为一种传统，并逐渐将这种影响传播到世界各地。

　　永久花呈黄色，花朵球状，叶子细长，远看就如同一个个金黄色的小太阳。它生命力顽强，只要太阳能够照射到的地方，不管是贫瘠的山地还是遍布石子的铁轨旁都可以生长。它有时也被称为蜡菊或者不凋花，在希腊文中意为"黄金般的太阳"。

在欧洲，永久花晒干后碾成粉末，被人们当作驱虫剂和净化空气的芳香剂使用。罗马人在驱除蚊虫时也使用过永久花，而它被做成装饰品装点住所和公共场所在当时也是很流行的。永久花对肌肤的修复作用也很早就被人们熟知，将它制成护肤品来淡化皱纹、保养肤质是女人们乐此不疲的事。

对永久花在采摘 24 小时内进行蒸馏，萃取到的精油品质上乘，气味中萦绕着一股芳香的甜美，被视为顶级的精油。永久花精油具有修复坏死皮肤、促进细胞再生的功效。研究人员发现，永久花之所以在消除炎症上作用显著，是因为它含有一种类似皮质类固醇的物质。如果被粉刺、湿疹、脓肿、伤痕等问题困扰，尝试选择永久花精油，并在专业人士的帮助下使用，效果一定不会让人失望。永久花精油对烧伤、烫伤也有一定的疗效。另外，经大量案例验证，在减肥瘦身领域它也起到了积极的作用。

国医解读

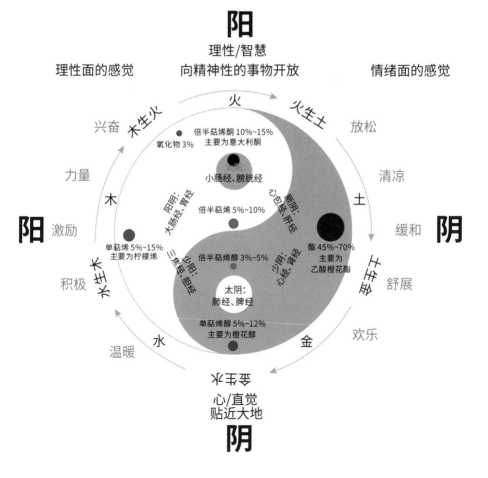

阳
理性/智慧
向精神性的事物开放

理性面的感觉

情绪面的感觉

兴奋

放松

力量

清凉

激励

缓和

阳

阴

积极

舒展

温暖

欢乐

心/直觉
贴近大地

阴

火生土

木生火

火

木

土

水生木

金

水

水生火

木

倍半萜烯酮 10%~15%
主要为意大利酮

氧化物 3%

太阳：
小肠经、膀胱经

阳明：
大肠经、胃经

厥阴：
心包经、开经

倍半萜烯 5%~10%

少阳：
三焦经、胆经

少阴：
心经、肾经

单萜烯 5%~15%
主要为柠檬烯

倍半萜烯醇 3%~5%

酯 45%~70%
主要为
乙酸橙花酯

太阴：
肺经、脾经

单萜烯醇 5%~12%
主要为橙花醇

性味与归经：味甘、苦，性微寒。归心、心包、肺、肝、胆、胃经。

功效：

·心、心包经：永久花入心、心包经，具有改善心血管系统循环、平衡、安抚、放松的功效，能给予人温暖、激励的效果，亦能促进淋巴排毒和降低血脂等。

·肺经：永久花入肺经，具有抗菌、消炎、排除淋巴瘀塞、化痰、抗痉挛的功效，能够清肺化痰、预防感冒、缓解支气管炎，亦能有助于治疗皮肤炎症，抗衰、抗皱等。

·肝、胆、胃经：永久花入肝、胆、胃经，能刺激胃液的分泌、治疗肠道疾病等，适用于胆汁分泌异常，可减轻腹胀、缓解胃痛、助消化、降肝火等。

日常应用

使用方法：外用。

保存方法：置于深色玻璃瓶中常温保存，建议将玻璃瓶放在木盒中，以降低温度的波动。未开封的纯精油可以保存6年，已开封的最好于2年内用完，若已调和为按摩油，于3个月内用完效果最佳。

注意事项：永久花精油在使用之前，建议先做过敏测试。孕妇、哺乳期女性禁用。

◎ 按摩用法

作用：治疗扭伤、拉伤、肌肉酸痛、关节炎等症状。

配方：永久花精油2滴、肉桂精油2滴、薰衣草精油2滴、冬青精油1滴、薄荷精油1滴、分馏椰子油20 mL。

用法：将上述精油与分馏椰子油均匀混合成按摩油，取适量涂抹于不适部位并轻柔按摩。

◎ 配伍精油

佛手柑、洋甘菊、天竺葵、薰衣草、玫瑰、茉莉、橙花、西洋蓍草等精油。

20 大马士革玫瑰精油

植物学名：*Rosa damascena*

科　　属：蔷薇科 Rosaceae

加工方法：水蒸馏法

萃取部位：花朵

主要成分：玫瑰醚、香茅醇、香叶醇

蔷薇科蔷薇属植物大多具有宜人的香气，其中玫瑰、月季、蔷薇在欧洲统称为 Rose，为著名的"蔷薇属三姐妹"。

玫瑰原产于我国，后经中亚逐渐传入欧洲，得到了欧洲王室的喜爱。经过几百年不断培育，玫瑰现有 3 万多个品种，其中具有香料用途的玫瑰就有上百种。而广为人知的大马士革玫瑰，学名突厥蔷薇，原产于波斯，后经叙利亚传到欧洲，在保加利亚、土耳其等地被发扬光大。因为叙利亚的大马士革是其传播的重要节点，欧洲人便将这种植物命名为"大马士革玫瑰"。

　　玫瑰在美容护肤上的应用历史十分久远，从埃及艳后到杨贵妃，再到清朝的慈禧太后，其一直都是皇室养颜美容的宠儿。玫瑰精油更是被誉为"精油之后"，因为它能全方位美肤，适合大部分肤质，且为女性的绝佳补品，这一切，让它成为世界上最昂贵的精油。在玫瑰精油中，大马士革玫瑰精油以其浓郁、清甜的香气得到了国际主流香料界的喜爱，成了国际流行香型，频频在各大主流香水中出现，同时也是芳疗界被追捧的对象。

　　在我国，经过历史上几次对大马士革玫瑰的大规模引种栽培，目前已经形成了数万亩的种植规模，所产的大马士革玫瑰精油，保持了保加利亚等传统主产地区大马士革玫瑰精油的特性，我国也成了国际香料界大马士革玫瑰精油的重要产地。

国医解读

阳
理性/智慧
向精神性的事物开放

理性面的感觉　　　　　　　　　　　　　　　　情绪面的感觉

兴奋　　火生火　　　火　　　　火生土　　放松

力量　　　氧化物1%　　倍半萜烯酮1%　　　醚2%~3%　　清凉
　　　　　玫瑰氧化物　　主要为玫瑰酮　　　主要为甲基醚丁香酚

木　　单萜烯醛 微量　　　太阳:　　　　　　酯4%
　　　　　　　　　　　　　小肠经、膀胱经　　主要为
阳　　　　　阴阳:　　　　　　　　　厥阴:　乙酸香茅酯　　**阴**
激励　单萜烯 微量　大肠经、胃经　倍半萜烯 1.5%~3%　心包经、肝经　和乙酸香叶酯　缓和

积极　　　　　　少阳:　　　　　少阴:　芳香酸 微量　　舒展
　　　　　　　三焦经、胆经　倍半萜烯醇1.5%　心经、肾经

水生木　丁香酚 微量　　　太阴:　　芳香醇 2%~3%　　金
　　　　　　　　　　　　肺经、脾经　主要为苯乙醇　　　欢乐
温暖　　　　水　　　单萜烯醇 65%~75%
　　　　　　　　　　橙花醇 2%~20%　　金生水
　　　　　　　　　　香茅醇 5%~10%

火生水

心/直觉
贴近大地

阴

性味与归经：味微苦、甘，性微温。归心、肝、脾、肺、肾经。

功效：

· 心经：玫瑰入心经，能活血化瘀，缓解心脏充血的现象，强化微血管。

· 肝、脾经：玫瑰入肝、脾经，有疏肝解郁的功效，行气止痛、健脾和胃，能缓解肝气郁滞导致的胃病及消化不良等综合征的不适。

· 肺经：玫瑰入肺经，能收缩微血管，达到收敛毛孔的效果，对老化的皮肤有一定的修复作用，也能舒缓呼吸系统的不适。

· 肾经：玫瑰入肾经，可调节内分泌系统，滋养生殖器官，缓解内分泌紊乱带来的不适。

日常应用

使用方法：香薰、外用。

保存方法：置于深色玻璃瓶中常温保存，建议将玻璃瓶放在木盒中，以降低温度的波动。未开封的纯精油可以保存 6 年以上，且香气会随着时间的流逝更加圆润柔和。

注意事项：玫瑰精油一般比较安全，不具有刺激性，但使用前最好还是做一下皮肤测试。妇女妊娠期禁用。

◎ 香薰用法

作用：大马士革玫瑰精油的香味可以疏解压力、降低血压，减少头痛及神经紧张引起的疼痛。同时，还能促进血液循环，强化血管壁弹性，降低心脏病的发生率，改善荷尔蒙失调，提高机体免疫力。

配方：大马士革玫瑰精油5滴。

用法：将上述精油滴入香薰炉上的水盘中，插上电源，便可享受芬芳的香薰。

◎ 按摩用法

作用：可以滋润肌肤、延缓衰老，还可缓解女性痛经，调节子宫功能，加速毒素、废物的代谢。

配方：大马士革玫瑰精油5滴、佛手柑精油5滴、依兰依兰精油5滴、分馏椰子油25 mL。

用法：将上述精油与分馏椰子油均匀混合成按摩油，取适量涂抹于不适的部位并进行按摩。

◎ 沐浴用法

作用：将数滴大马士革玫瑰精油滴入浴缸或者在手浴时使用，不仅可以缓解疲惫，解除压力，还可以呵护肌肤。

配方：大马士革玫瑰精油3滴。

用法：将3滴大马士革玫瑰精油溶入50 mL牛奶中，倒入浴缸热水中，搅散后泡浴，时间以15~20分钟为宜。

◎ 嗅闻用法

作用：如果压力大，精神比较疲惫，可以利用大马士革玫瑰精油和薰衣草精油缓解疲劳，让心情得到放松。

配方：大马士革玫瑰精油1滴（单独使用或混合使用）、薰衣草精油1滴。

用法：将上述精油滴入试香纸或纸巾上嗅闻，或直接打开上述精油调和瓶嗅闻。

◎ 配伍精油

玫瑰精油性质温和，可以和许多精油配伍，如柑橘类精油和花香类精油、木类精油，及薰衣草、迷迭香、茉莉、洋甘菊、快乐鼠尾草、杜松、广藿香、岩兰草等精油。

21 茶树精油

植物学名：*Melaleuca alternifolia*

科　　属：桃金娘科 Myrtaceae

加工方法：水蒸馏法

萃取部位：叶、枝

主要成分：松油烯、4- 松油醇

　　茶树精油的"茶"不是通常做茶叶的"茶"，而是指一种矮小的树种，名叫"互叶白千层"。它生长在澳大利亚，在当地的低湿地带环境中生长茂盛。这种植物生命力强劲，即使被砍掉后仍然可以继续生长。茶树精油是从互叶白千层的叶片和嫩梢中提取的，其气味清澈，有微辣的刺激感，具有非常好的消毒功效。由于这种植物只生长在澳大利亚，物以稀为贵，也注定了茶树精油在精油家族中的重要地位。

　　很久以前，澳大利亚土著就把茶树的叶子当成治疗伤口感染的良药。他们在实践中发现，被某些毒蛇咬伤后也可以拿茶树叶子做解药。

在两次世界大战中，茶树精油曾被用来当消炎剂使用，帮助很多伤员缓解痛苦。澳大利亚的英国移民也学习当地人的做法，用茶树的叶子入药，当作消炎剂。他们甚至发现，它可以替代某些医疗用药。引进到欧洲后，茶树精油以其很强的抗菌性，迅速受到当地人的追捧。美国、法国，澳大利亚争先研究茶树精油在抗感染和抗真菌方面的效用，不断拓展茶树精油的使用范围。因为在刺激免疫系统方面的效果极强，茶树精油也日益成为芳香疗法中的翘楚。第二次世界大战时，前往热带地区作战的军队经常面临灼伤、皮肤病的侵扰，随身必备的用品当中就有茶树精油，可见人们对这种精油的认可程度。后来，在外科和牙科手术中，它也常被用来消炎和杀菌。在清洁剂、肥皂、空气芳香剂的制造中，茶树精油应用得也越来越普遍。

国医解读

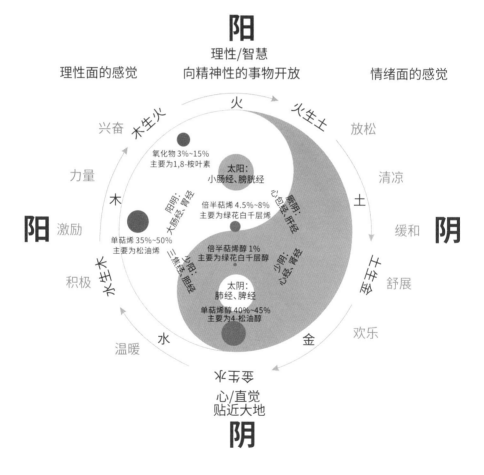

性味与归经：味甘、苦，性微寒。归心、肺、脾、胃、大肠、小肠经。

功效：

·心经：茶树入心经，具有安神的功效，适用于紧张、不安、身心失衡等症。

·肺经：茶树入肺经，抗细菌与抗真菌效果奇佳，具有抗病菌、抗发炎、止痒、抗过敏的功效，可以增强身体之抵抗力，也适用于流感、咳嗽支气管炎、咽喉痛等呼吸道感染疾病。

·脾、胃、大肠、小肠经：茶树入脾、胃、大肠、小肠经，具有促进消化、健胃利胆的功效，适用于消化不良、肝脏功能不全、肠胃痉挛等。茶树还能治疗伤口和促进肉芽组织生长、促进上皮组织生成、消血肿，适用于头皮发痒、皮肤发痒、皮肤久伤不愈、牛皮癣，也能预防痤疮和褥疮等。

日常应用

使用方法：香薰、外用。

保存方法：置于深色玻璃中瓶常温保存，建议将玻璃瓶放在木盒中，以降低温度的波动。未开封的纯精油可以保存6年，已开封的最好于2年内用完，若已调和为按摩油，于3个月内用完效果最佳。

注意事项：高浓度的茶树精油有一定的刺激性，一定要稀释使用，皮肤敏感者更要注意。茶树精油挥发性较高，用于眼部周围时，应避免引起眼睛不适。

◎ 香薰用法

作用：镇静、安神、安抚。

配方：茶树精油3滴、乳香精油2滴、甜橙精油2滴。

用法：将上述精油，滴入香薰炉上的水盘中，插上电源，便可享受芬芳的香薰。

◎ 嗅闻用法

作用：预防感冒、治疗咳嗽、使呼吸顺畅。

配方：茶树精油3滴、甜橙精油1滴、阿米香树精油2滴。

用法：将所有精油依次滴入盛满热水的脸盆中，将脸部靠近水面，吸嗅蒸汽；将上述精油装进调和瓶中进行嗅吸或滴在纸巾上嗅吸。

◎ 配伍精油

罗勒、薰衣草、玫瑰、迷迭香、百里香、肉桂、黑胡椒、丁香、丝柏、桉树、姜、柠檬等精油。

22 丁香花蕾精油

植物学名：*Syzygium aromaticum*

科　　属：桃金娘科 Myrtaceae

加工方法：水蒸馏法

萃取部位：花苞

主要成分：丁香酚、β-丁香油烃

　　丁香原产于印度尼西亚。优质的丁香精油多是从未成熟的花蕾中萃取的，丁香花蕾精油安全系数高，味道芳香甜蜜，清洁、抗菌能力强大，一直受到精油爱好者的热烈追捧。

　　丁香入药的历史悠久，据印度佛教经典中记载，丁香是一种治疗眼疾的良药，可消除人的懈怠和昏沉。它也常被佛教用于驱除异味和净化场地。在我国，人们早就在实践生活中懂得了丁香的妙处，比如它可以清新口气，缓解牙痛，人们咀嚼丁香叶子便可获得以上效果。在历史长河中，丁香常被作为抗菌剂，预防瘟疫等传染病。

法国人就曾把丁香用作抗菌药，治疗过伤口感染、鼠疫、肠道寄生虫等疾病。据说，当年荷兰人将摩鹿加群岛上的丁香树砍伐殆尽之后，没想到当地很多种传染病相继暴发，造成无法估计的损失，人们这才意识到，正是由于丁香的存在，很多病菌才被克制不曾蔓延。后来，葡萄牙人和法国人争相进口丁香，把它作为十分重要的香料使用。为防止甜橙虫蛀腐烂，丁香被广泛用作甜橙中的驱虫剂。丁香还可以杀灭消化道寄生虫、帮助消化，印度人曾经将丁香制成琼浆服用。丁香还可以有效缓解牙疼，治疗口腔溃疡，现在，它也成为牙膏中重要的添加剂。

有流行病发生时，可将丁香精油滴入家里的香薰机，让周围的空气变得干净，从而尽量保护家人免受病毒的侵扰。

国医解读

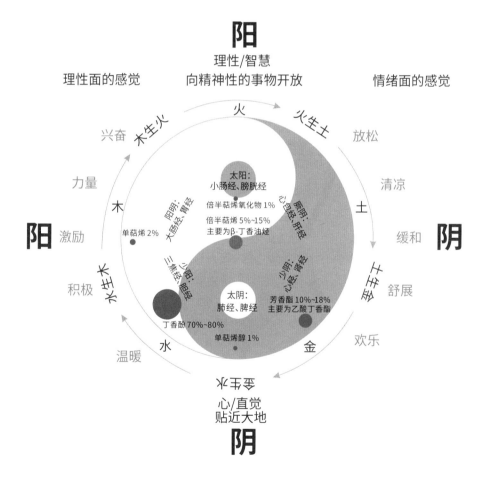

阳
理性/智慧
向精神性的事物开放

理性面的感觉

情绪面的感觉

兴奋　木生火　　火　　火生土　放松

力量　　　　　　　　　　　　　　　清凉

阳　激励　木　　　　　　　　　土　　　**阴**

　　　　　　　　单萜烯 2%　　　　　　　　缓和

积极　水生木　　　　　　　　　　金生土　舒展

温暖　　水　　　　　　　　　　金　欢乐

太阳:
小肠经、膀胱经
倍半萜烯氧化物 1%
倍半萜烯 5%~15%
主要为β-丁香油烃

阳阴: 大肠经、胃经

厥阴: 心包经、肝经

少阳: 三焦经、胆经

少阴: 心经、肾经
芳香酯 10%~18%
主要为乙酸丁香酯

太阴:
肺经、脾经
丁香酚 70%~80%
单萜烯醇 1%

金水生水

心/直觉
贴近大地

阴

性味与归经：味辛、性温。归肺、肾、脾、胃、大肠、小肠经。

功效：

· 肺经：丁香花蕾入肺经，能有效抵抗各种不同的细菌、抗病毒、抗真菌、抗发炎，适用于感冒引起的不适症状、支气管炎、气喘等，可舒缓牙齿及牙龈不适和疼痛、保护牙齿与牙龈健康，还可治疗感染性皮肤的溃疡和外伤。

· 肾经：丁香花蕾入肾经，能改善甲状腺机能，使人有温暖的感觉，适用于甲状腺功能低下、腰膝无力、性冷淡等。

· 脾、胃、大肠、小肠经：丁香花蕾具有疏解肌肉痉挛、刺激免疫系统、滋补、促进子宫收缩、帮助消化的功效，适用于胀气、消化不良、呕吐、肠胃痉挛等。

日常应用

使用方法：香薰、外用。

保存方法：置于深色玻璃瓶中常温保存，建议将玻璃瓶放在木盒中，以降低温度的波动。未开封的纯精油可以保存6年，已开封的最好于2年内用完，若已调和为按摩油，于3个月内用完效果最佳。

注意事项：稀释使用，皮肤敏感者慎用。生理期、孕产期、哺乳期女性不宜使用。

◎ 香薰用法

作用：振奋精神、提升记忆力，抗菌、抗病毒。

配方：丁香花蕾精油2滴、尤加利精油1滴、阿米香树精油1滴。

用法：将上述精油滴入香薰炉上的水盘中，插上电源，便可享受芬芳的香薰。

◎ 漱口用法

作用：将丁香花蕾精油以低浓度的比例，添加在漱口水中，能帮助改善口气问题，还能帮助消炎抗菌，缓解口腔炎症，舒缓喉咙痛、咳嗽等症状。

配方：丁香花蕾精油1滴。

用法：将上述精油滴入温水中搅散，漱口即可。

◎ 配伍精油

罗勒、安息香、黑胡椒、葡萄柚、柠檬、肉豆蔻、薄荷、尤加利、迷迭香、阿米香等精油。

23 迷迭香精油

植物学名：*Rosmarinus officinalis*

科　　属：唇形科 Labiatae

加工方法：水蒸馏法

萃取部位：叶、枝

主要成分：樟脑、1,8- 桉叶素

　　迷迭香属灌木植物，原产于地中海，浅蓝色花瓣荡漾在银绿色的针叶丛中，宛如碧玉盘中回旋的蓝色露珠，因此在拉丁文中也被称为"海洋之露"。它生命力旺盛，喜温暖干燥，尤其是海边环境，几乎整个欧洲都可以看到迷迭香的身影。

　　植物入药是人类的一大创举，迷迭香是最早药用的植物之一，有很强的杀菌力，可延缓肉质腐烂，是天然的防腐剂。埃及古墓中曾经发现迷迭香的残留物，罗马人和希腊人认为它能使死者获得安定平和，是再生的象征，曾用迷迭香枝条驱除病魔，献祭神祇。法国人深知其抗菌的强大功效，每当流行病暴发，总会点燃迷迭香来净化空气。

在很多文学作品中，也可看到迷迭香的影子。例如莎士比亚的《哈姆雷特》中，奥菲利亚说："迷迭香，可以帮助回忆，亲爱的，请你牢记在心！"一语道破迷迭香可激活中枢神经、增强记忆力的秘密。而迷迭香精油更是当之无愧的省思强神、激活脑神经的佳品。

在美容领域，迷迭香精油以其超强的收敛效果，令松弛的面部皮肤变得紧致，还能修复面部充血、消退红肿。匈牙利皇后唐娜·伊莎贝拉晚年用迷迭香精油洗脸，皮肤变得更好，迷迭香精油从此被称为"匈牙利皇后之水"。

我国早在曹魏时期就引入了迷迭香。当时迷迭香主要分布在南方地区，除了用于观赏外，也被制作成药物。

国医解读

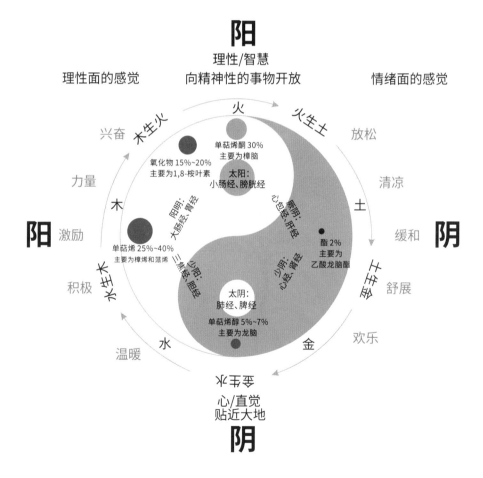

阳
理性/智慧
向精神性的事物开放

理性面的感觉

情绪面的感觉

阳

阴

兴奋 木生火 火 火生土 放松

氧化物 15%~20%
主要为1,8-桉叶素

单萜烯酮 30%
主要为樟脑

太阳:
小肠经、膀胱经

清凉

力量

木

阳阴:
大肠经、胃经

土

激励

厥阴:
心包经、肝经

缓和

单萜烯 25%~40%
主要为樟烯和蒎烯

少阳:
三焦经、胆经

酯 2%
主要为
乙酸龙脑酯

积极 水生木

少阴:
心经、肾经

舒展

太阴:
肺经、脾经

单萜烯醇 5%~7%
主要为龙脑

欢乐

温暖 水 金

金生水

心/直觉
贴近大地

阴

性味与归经：味辛、性温。归心、肺、膀胱、肾经。

功效：

· 心经：迷迭香入心经，低剂量之时具有激励、集中注意力的功效，能缓解压力和疲累，改善动脉粥样硬化。

· 肺经：迷迭香入肺经，具有抗真菌、抗发炎、消解黏液及促进排出、止痛、促进血液循环的功效，适用于感冒、中耳炎、细菌性支气管炎等。

· 膀胱、肾经：迷迭香入膀胱、肾经，具有刺激循环系统与新陈代谢、利尿的功效，适用于月经不调、水肿、膀胱炎、阴道炎等。

日常应用

使用方法：香薰、外用。

保存方法：置于深色玻璃瓶中常温保存，建议将玻璃瓶放在木盒中，以降低温度的波动。未开封的纯精油可以保存6年，已开封的最好于2年内用完，若已调和为按摩油，于3个月内用完效果最佳。

注意事项：如用于皮肤，应用基础油稀释使用。孕妇、婴幼儿、癫痫患者禁用。

◎ 香薰用法

作用：提振精神、改善记忆力。

配方：迷迭香精油2滴、薄荷精油1滴。

用法：将上述精油滴入香薰炉上的水盘中，插上电源，便可享受芬芳的香薰。

◎ 按摩用法

作用：镇痛、理气、活络筋骨。

配方：迷迭香精油5滴、八角茴香精油2滴、野橘精油2滴、分馏椰子油20 mL。

用法：将上述精油与分馏椰子油均匀混合成按摩油，取适量涂抹于不适部位或全身并进行按摩。

◎ 嗅闻用法

作用：可以化痰止咳，使呼吸顺畅。

配方：迷迭香精油5滴、茶树精油2滴、柠檬精油3滴。

用法：将所有精油依次滴入盛满热水的脸盆中，将脸部靠近水面，吸嗅蒸汽；将上述精油装进调和瓶进行嗅吸或滴在纸巾上嗅吸。

◎ 配伍精油

柑橘类精油，罗勒、芫荽籽、柠檬草、薰衣草、薄荷、玫瑰、茉莉、雪松、丝柏等精油。

24 尤加利精油

植物学名：*Eucalyptus globulus*

科　　属：桃金娘科 Myrtaceae

加工方法：水蒸馏法

萃取部位：叶、枝

主要成分：1,8- 桉叶素、α - 蒎烯

　　尤加利是一种常绿的乔木，多生长在澳大利亚，世界各地也都有种植。它的名字源自希腊文，澳大利亚当地人用它来退烧，治疗发炎的伤口，是人们眼中的"抗热树"。地中海西西里岛曾经种植尤加利，人们知道它可以抗菌，曾用它来对抗疟疾。1788 年，尤加利作为一种装饰性树种，被欧洲引进，但欧洲人很快发现它会将化学毒素释放到土壤中，从而抑制周围植物生长。但这并不妨碍人们对尤加利的钟爱，随着医疗技术的发展，人们利用尤加利强大的杀菌特性研制出杀菌剂，并投入工业生产。

尤加利精油萃取自其树木的叶和枝，虽然世界各地都有尤加利的影子，但精油还是澳大利亚生产的最受欢迎。这种精油一经问世，就被广泛应用到各领域，从杀菌剂到鞋油，五花八门。当尤加利精油被进口到英国时，它在消化方面起到的良好作用一下子就打开了当地市场，人们都称它为"雪梨薄荷"。

医生们首先发现尤加利精油在抗菌、抗病毒、治疗感冒方面的优秀表现，因此很多呼吸系统方面的疾病可以用到这款精油。它还可以作为引发神经系统的兴奋剂，在缓解疲劳、集中注意力、消除倦怠上有独特功效。有权威人士证明，在对生殖泌尿系统疾病的治疗中，尤加利精油也正在发挥越来越显著的作用。尤加利精油使用比较广泛，如果家中有吸烟人士，居家时常用这款精油，不但可以净化空气、消毒杀菌，降低二手烟带来的危害，也可以平衡人的情绪，改善家庭氛围。

国医解读

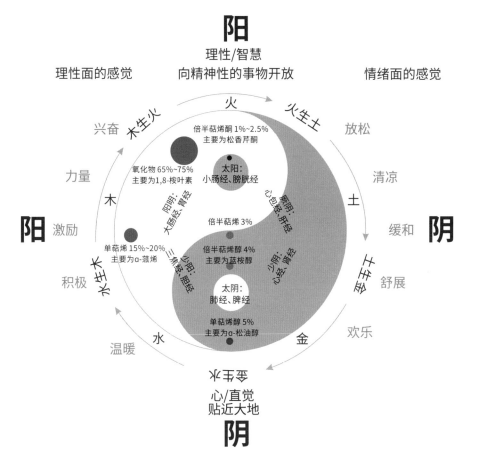

性味与归经：味辛、苦，性寒。归心、肺、大肠、小肠、膀胱经。

功效：

· 心经：尤加利入心经，对情绪有冷却作用，可以使头脑清醒、注意力集中，也能够使人感到心理上的温暖。

· 肺经：尤加利入肺经，具有止痛、抗菌、抗病毒、抗风湿、抗炎、解痉挛、清除血液杂质、改善皮肤老化的功效，用于治疗哮喘和咽喉痛、预防感冒、退烧、缓解炎症症状等。

· 大肠、小肠、膀胱经：尤加利入大肠、小肠、膀胱经，具有抗肠胃道痉挛、抗发炎及利尿化湿的特性，适用于膀胱感染、尿道炎、水肿、湿疹、痛风、肥胖、肾结石，可促进淋巴系统排毒等，能缓解因紧张造成的腹痛、腹泻、肠燥症等。

日常应用

使用方法：香薰、外用。

保存方法：置于深色玻璃瓶中常温保存，建议将玻璃瓶放在木盒中，以降低温度的波动。未开封的纯精油可以保存 6 年，已开封的最好于 2 年内用完，若已调和为按摩油，于 3 个月内用完效果最佳。

注意事项：应稀释使用，高血压、癫痫患者及婴幼儿禁用。

◎ 香薰用法

作用：顺畅呼吸、抗感冒。

配方：尤加利精油2滴、薰衣草精油1滴、迷迭香精油1滴。

用法：将上述精油滴入香薰炉上的水盘中，插上电源，便可享受芬芳的香薰。

◎ 泡浴用法

作用：改善循环不畅、血气不顺。

配方：尤加利精油2滴、玫瑰精油3滴。

用法：将上述精油倒入浴缸热水中，搅散后泡浴，时间以10~15分钟为宜。

◎ 配伍精油

马郁兰、薰衣草、香蜂草、百里香、迷迭香、玫瑰、茶树、安息香、杜松等精油。

25 百里香精油

植物学名：*Thymus mongolicus*

科　　属：唇形科 Labiatae

加工方法：水蒸馏法

萃取部位：叶、枝

主要成分：百里香酚、对伞花烃

　　百里香是常绿灌木植物，原产于地中海沿岸，因香味浓烈，且能散播很远，我国南方地区又叫它"千里香"或者"九里香"。它的英文名源自希腊文，是"芳香"之意。传说中，它是特洛伊美女海伦的一滴滴眼泪化成的，所以百里香又叫作"海伦的眼泪"。现在，很多香水中含有百里香成分。三千多年前，两河流域的人们就开始使用百里香。埃及人发现在延缓食物腐烂方面，百里香是非常好的防腐剂。现在的研究实验中发现，肉汁里如果滴入百里香精油，可以有效避免细菌滋生，保鲜时间明显延长。希腊"医学之父"希波克拉底将它列入药单，指出百里香可以帮助消化，并建议人们饭后服用。传说罗马时代，为鼓舞士气，激发作战勇气，士兵在出征前会佩戴百里香，百里香也成了罗马士兵披肩上流行的图案。

古代人发现，百里香可以祛毒，被毒蛇、毒虫咬伤后使用百里香解毒效果非常好。中世纪时期，整个欧洲曾在一场大瘟疫的笼罩下萧条不堪，百里香在此期间成为欧洲人治疗疫病的重要药物，能有效地帮助人们缓解病痛。后来，欧洲人在诸如法院和审判庭等公共场所喷百里香水成为惯例，法官上法庭时也会带着成束的百里香。

随着实践生活的发展，人们逐渐发现百里香的更多功效，比如强化神经系统、平衡情绪、治疗感冒、健胃消食等。百里香精油也成为越来越多人的挚爱。

国医解读

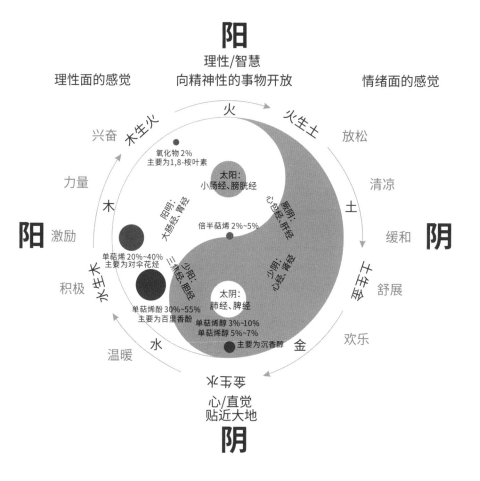

性味与归经：味辛，性平。归心、肺、三焦、脾经。

功效：

· 心经：百里香入心经，具有滋养神经系统的功效，适用于职业倦怠、神经性疲劳、压力大、记忆力不佳和恐惧症。

· 肺经：百里香入肺经，具有抗细菌、抗病毒、抗真菌、抗寄生虫的功效，适用于各种感染，例如耳鼻喉与肺部、皮肤感染等。

· 三焦经：百里香入三焦经，具有利尿和提升循环系统的功效，适用于风湿、尿道感染、膀胱炎等。

· 脾经：百里香入脾经，能够激励免疫系统、有益于消化，适用于腹泻、胀气等。

日常应用

使用方法：香薰。

保存方法：置于深色玻璃瓶中常温保存，建议将玻璃瓶放在木盒中，以降低温度的波动。未开封的纯精油可以保存6年，已开封的最好于2年内用完，若已调和为按摩油，于3个月内用完效果最佳。

注意事项：百里香精油属于效力非常强劲的精油，是最强的抗菌剂之一，长期大量使用有可能引起中毒，还有可能会刺激皮肤和黏膜组织，请勿长期高浓度使用。敏感肌肤者需谨慎使用。孕妇禁用。

◎ 香薰用法

作用：净化空气、提高免疫力、缓解压力、振奋提神。

配方：百里香精油5滴 。

用法：将上述精油滴入香薰炉上的水盘中，插上电源，便可享
受芬芳的香薰。

◎ 配伍精油

薰衣草、迷迭香、绿花白千层、洋甘菊、柠檬、甜橙、茶树、
杜松等精油。

26 薄荷精油

植物学名：*Mentha arvensis*

科　　属：唇形科 Labiatae

加工方法：水蒸馏法

萃取部位：叶、茎

主要成分：薄荷脑、薄荷酮

　　薄荷是一种唇形科芳香植物，是家中常见的美化植物，以其清新而强烈的香气给人留下了深刻印象。在神话传说中，冥王哈得斯爱上了美丽的精灵曼茜。他的妻子普西芬尼醋意大发。为了将丈夫留在身边，普西芬尼用法力将曼茜变成了一株草，生长在路边让过往行人任意踩踏。可怜的曼茜虽身为草芥，但内心依然坚定纯洁，周身散发出清凉的迷人芬芳，而且越是被踩踏，那香味越是浓烈持久。之后越来越多的人注意到这种小草，把它带回家培植，并给它取名叫薄荷。传说赋予了薄荷美好的节操，让它成为一种抱有希望、保持内心洁净的象征。这种植物能够在人精神萎靡的时候，为人带来提神醒脑的效果。

人类使用薄荷的历史也很悠久，有时拿它入药，有时直接食用。古罗马人和古希腊人很喜欢薄荷的气味，于是将它编制成花环，在节庆与宴会时佩戴在身上。他们还用薄荷酿酒，适量饮用后会让心情变得舒爽愉悦。希伯来人认为薄荷可以调节气氛，将它制成香水，洒在男女幽会的场所，营造舒爽怡人的氛围。

薄荷精油是一款常见的精油，也是初学者和爱精油一族必备的"神器"。在考试前的复习室中、在公司的会议厅里、在夏日沉闷的街头，都是薄荷精油大显身手的时候，那股清凉味道，犹如从另一个世界吹来的清风，会卷走所有懈怠和不振，将植物芳香的能量注入人的体内，使人瞬间焕发生机活力。

薄荷精油除了可以消除疲劳外，还能驱除异味，清咽利喉，缓解疼痛，抗感染，加速排毒。如此多重且强大的功能，使薄荷精油被更多人、更多领域使用。

国医解读

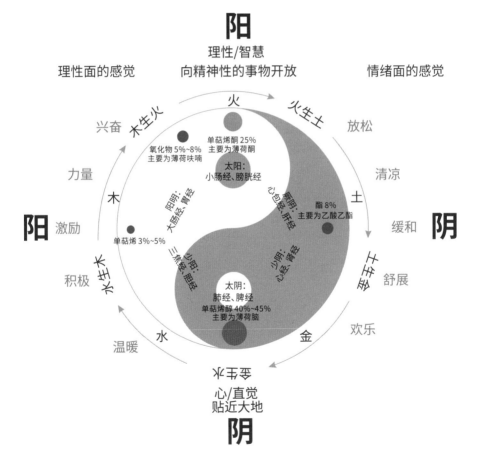

阳
理性/智慧
向精神性的事物开放

理性面的感觉

情绪面的感觉

火

兴奋

木生火

火生土

放松

氧化物 5%~8%
主要为薄荷呋喃

单萜烯酮 25%
主要为薄荷酮

清凉

力量

太阳：
小肠经、膀胱经

土

木

阴阴：
大肠经、胃经

厥阴：
心包经、肝经

酯 8%
主要为乙酸乙酯

阳

激励

单萜烯 3%~5%

少阳：
三焦经、胆经

少阴：
心经、肾经

阴

缓和

积极

水生木

太阴：
肺经、脾经
单萜烯醇 40%~45%
主要为薄荷脑

舒展

水

温暖

金

欢乐

金生水

心/直觉
贴近大地

阴

性味与归经：味辛、性凉。归心、肺、肝、大肠、小肠、胃、膀胱经。

功效：

· 心经：薄荷入心经，具有提神、醒脑的功效，适用于害喜、身心疲惫、无精打采、无法集中注意力等。

· 肺经：薄荷入肺经，能抗细菌、抗病毒、抗真菌、抗发炎等，适用于咽喉感染、鼻窍充血、咳嗽、气喘、支气管炎、皮肤瘙痒、痤疮、皮肤不洁、湿疹等。

· 肝经：薄荷入肝经，具有排解胀气、帮助消化的功效，适用于肝气瘀滞、暴躁易怒等。

· 大肠、小肠、胃、膀胱经：薄荷入大肠、小肠、胃、膀胱经，具有增强抵抗力、抗痉挛等功效，适用于胀气、积食、腹泻、呕吐、便秘、晕车、恶心、胃炎等。

日常应用

使用方法：香薰、外用。

保存方法：置于深色玻璃瓶中常温保存，建议将玻璃瓶放在木盒中，以降低温度的波动。未开封的纯精油可以保存 6 年，已开封的最好于 2 年内用完，若已调和为按摩油，于 3 个月内用完效果最佳。

注意事项：使用之前，建议先做过敏测试，稀释使用。

◎ 香薰用法

作用：治疗感冒、提神。

配方：薄荷精油3滴、广藿香精油1滴，尤加利精油1滴、乳香精油1滴。

用法：将上述精油滴入香薰炉上的水盘中，插上电源，便可享受芬芳的香薰。

◎ 嗅闻用法

作用：顺畅呼吸、放松精神。

配方：薄荷精油2滴（单独使用或混合使用）、薰衣草精油2滴、花梨木精油2滴。

用法：将上述精油装进调和瓶内进行嗅吸或滴在纸巾上嗅吸；也可将上述精油滴入热水中，即可吸入芬芳的蒸汽。

◎ 配伍精油

薰衣草、迷迭香、快乐鼠尾草、茶树、广藿香、佛手柑、花梨木、马郁兰、雪松、檀香等精油。

27 罗勒精油

植物学名：*Ocimum basilicum*

科　　属：唇形科 Labiatae

加工方法：水蒸馏法

萃取部位：花、叶

主要成分：沉香醇、甲基醚蒌叶酚

罗勒自古以来就是一款药食同源的芳香植物，在古代可以入药，也做香料使用，具有强烈刺激的香气，是一种身形比较矮小的亚热带植物，喜欢温暖湿润的气候。罗勒在希腊人眼里极其珍贵，被称作"植物中的国王"。

太平洋和印度洋沿岸的人一直将罗勒作为传统草药看待，它对神经性头痛的作用非常显著，而且人们发现它对改变坏心情也有极大的帮助。在我国，人们还发现它对治疗痉挛和癫痫有神奇效果。在阿拉伯和印度的宗教仪式里总是少不了罗勒的身影，很多希腊的教堂为了彰显威严和圣洁，也会摆放罗勒的盆栽。由于罗勒香味强烈，有人也称它为"香草之王"。埃及人曾用它制作木乃伊，让那芬芳抑制尸体的腐烂，印度人则觉得那浓烈的香气可以守护人的灵魂。罗勒不但可以舒筋活血，还可以在洗脚的时候加入水中以驱除臭味。

现代研究证明，甜罗勒（罗勒中的一种）还具有滋养神经系统的功效，能够放松精神，有助于改善睡眠。

罗勒精油萃取自它的花朵和叶子。罗勒精油也是很多女性钟爱的一款精油，因为它除了可以改善老化皮肤、清洁皮肤外，还能刺激雌性激素分泌，调理月经。而且罗勒精油可搭配使用的精油非常广泛，还有很多功效等待着我们去探索。

国医解读

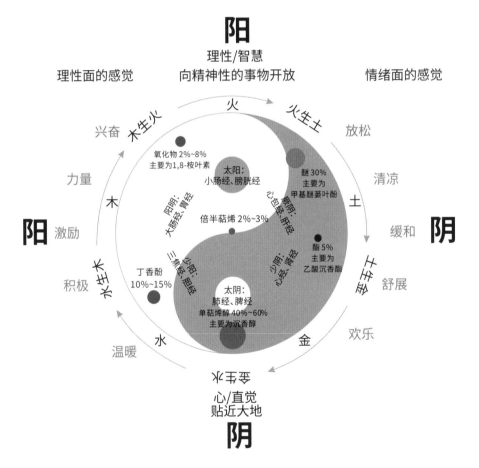

阳
理性/智慧
向精神性的事物开放

理性面的感觉

情绪面的感觉

火

火生土

木生火

兴奋

放松

氧化物 2%~8%
主要为1,8-桉叶素

太阳:
小肠经、膀胱经

醚 30%
主要为
甲基醚蒌叶酚

清凉

力量

木

阳明:
大肠经、胃经

厥阴:
心包经、肝经

缓和

阳

阴

激励

倍半萜烯 2%~3%

酯 5%
主要为
乙酸沉香酯

积极

水生木

少阳:
三焦经、胆经

少阴:
心经、肾经

舒展

丁香酚
10%~15%

太阴:
肺经、脾经
单萜烯醇 40%~60%
主要为沉香醇

金

欢乐

水

温暖

金生水

心/直觉
贴近大地

阴

性味与归经：味辛、性温。归肺、脾、胃、大肠、膀胱经。

功效：

· 肺经：罗勒入肺经，具有抗菌、抗病毒、抗痉挛、护肤的功效，适用于支气管炎、咳嗽、感冒、发烧、湿疹、癣等。

· 脾、胃、大肠经：罗勒入脾、胃、大肠经，能强化免疫系统、增进食欲、促进消化，亦适用于肌肉痉挛、肌肉疲劳等。

· 膀胱经：罗勒入膀胱经，具有刺激肾上腺皮质从而利尿、抗炎的功效，能缓解痛风、降低尿酸。罗勒还具有刺激雄激素分泌的功效，能够缓解痛经，改善月经不调等。

日 常 应 用

使用方法：香薰、外用，稀释使用。

保存方法：置于深色玻璃瓶中常温保存，建议玻璃瓶放在木盒中，以降低温度的波动。未开封的纯精油可以保存 6 年，已开封的最好于 2 年内用完，若已调和为按摩油，于 3 个月内用完效果最佳。

注意事项：使用罗勒精油时，其浓度应控制在 1% 以下，过量使用后有麻醉作用。

◎ 香薰用法

作用：缓解神经性头痛、愉悦精神。

配方：罗勒精油 3 滴、野橘精油 1 滴、玫瑰精油 1 滴。

用法：将上述精油滴入香薰炉上的水盘中，插上电源，便可享受芬芳的香薰。

◎ 按摩用法

作用：消除反胃、恶心，改善消化不良。

配方：罗勒精油 3 滴、黑胡椒精油 2 滴、豆蔻精油 2 滴、分馏椰子油 15 mL。

用法：将上述精油和分馏椰子油均匀混合成按摩油，取适量涂抹于胃部并进行按摩。

◎ 配伍精油

肉桂、豆蔻、月桂、黑胡椒、快乐鼠尾草、香蜂草、马郁兰、薰衣草、玫瑰、柑橘、檀香等精油。

28 马郁兰精油

植物学名：*Origanum majorana*

科　　属：唇形科 Labiatae

加工方法：水蒸馏法

萃取部位：花、叶

主要成分：松油烯、松油烯醇

　　马郁兰又叫马乔莲、甜牛至，植物学名 Origanum 源自希腊语，意思是"山之喜悦"。在古希腊，人们深信这种植物是神明的化身，能给人类带来幸福和喜悦，他们热爱马郁兰和橄榄油烤的马铃薯，并把这种吃法奉为经典吃法之一。希腊神话中，马郁兰是爱和美的女神阿佛洛狄忒所钟爱的植物，因女神的碰触才具有了举世无双的香气。罗马神话里把马郁兰描述为爱神维纳斯的御用之草，代表着爱情与繁殖的力量。在古希腊和古罗马的传统婚礼中，新郎和新娘的头上会戴上马郁兰编制的花冠，以接受人们的祝福。

　　马郁兰的气味芳香而温和，总能带给人温暖的感觉。这种源自地中海的植物在人类文化中缔造了很多"传说"，当然不仅是因为它独特的芳香，更是因为其广泛的药效和用途。17世纪，很多医生在治疗神经失调的处方中写下了马郁兰的名字，他们甚至还发现它有止痛活血、治疗胀气等疾病的功效。《草药志》的作者约翰·杰勒德说它是"最佳的治疗所有与头脑有关疾病的良药"。人们对马郁兰的钟爱和研究从未停止，到了18世纪，又发现了它更多的功能，比如增强食欲、治疗风湿风寒和胃绞痛。到了近现代，随着科学的发展，人们发现马郁兰体内含有多种天然成分，好像集天地精华于一身，缔造了它十分优秀的品质。

　　马郁兰精油最具有代表性的功效之一就是舒缓镇静、调节神经系统，而且稳定而温和，是一款非常安全的精油。

国医解读

阳
理性/智慧
向精神性的事物开放

理性面的感觉

情绪面的感觉

火

木生火

兴奋

火生土

放松

力量

清凉

单萜烯醛 5%
主要为柠檬醛

太阳:
小肠经、膀胱经

厥阴:
心包经、肝经

酯 5%
主要为
乙酸香叶酯

木

阳

激励

阳明:
大肠经、胃经

倍半萜烯 3.5%

土

缓和

阴

单萜烯
40%~50%
主要为松油烯

少阳:
三焦经、胆经

少阴:
心经、肾经

舒展

积极

水生木

太阴:
肺经、脾经
单萜烯醇 38%~45%
主要为松油烯醇

金

欢乐

温暖

水

少阳

金生水

心/直觉
贴近大地

阴

性味与归经：味辛、苦，性温。归心、心包、肺、脾、大肠、小肠经。

功效：

· 心、心包经：马郁兰入心、心包经，具有提神、安抚、平衡的功效，适用于自主神经功能障碍、失眠、情绪紧张、焦虑等。

· 肺经：马郁兰入肺经，具有扩张支气管的功效，适用于鼻炎、颌窦炎、鼻窦炎、中耳炎、支气管炎、神经炎等。

· 脾、大肠、小肠经：马郁兰入脾、大肠、小肠经，具有助消化、解痉挛、止痛的功效，适用于胃部胀气、呕吐、便秘、子宫痉挛痛、痛经、肌肉疼痛等。

日常应用

使用方法：香薰、外用，稀释使用。

保存方法：置于深色玻璃瓶中常温保存，建议将玻璃瓶放在木盒中，以降低温度的波动。未开封的纯精油可以保存 6 年，已开封的最好于 2 年内用完，若已调和为按摩油，于 3 个月内用完效果最佳。

注意事项：一般认为马郁兰精油不具有刺激性，但长期使用可能会引起倦怠。妇女妊娠期禁用。

◎ 香薰用法

作用：提振精神、舒缓情绪。

配方：马郁兰精油2滴、乳香精油1滴、迷迭香精油1滴。

用法：将上述精油滴入香薰炉上的水盘中，插上电源，便可享受芬芳的香薰。

◎ 按摩用法

作用：缓解头痛。

配方：马郁兰精油3滴、薰衣草精油3滴。

用法：将上述精油滴入有温水的盆中，放入毛巾后吸收水分，然后捞出拧干，将毛巾敷在头痛部位，并用手指轻轻按摩即可。

◎ 配伍精油

茴香、肉桂、罗勒、香蜂草、姜、柠檬、茉莉、薰衣草、佛手柑、洋甘菊、花梨木、雪松等精油。

29 牛至精油

植物学名：*Origanum vulgare*

科　　属：唇形科 Labiatae

加工方法：水蒸馏法

萃取部位：花、叶

主要成分：香芹芥酚、百里酚

　　牛至原名墨角兰草，原产于地中海地区，现在欧洲、亚洲、美洲都有它的踪迹。牛至从外观上看长得很像马郁兰，但这是两种完全不同的植物，区别起见，人们也把马郁兰叫"甜马郁兰"，牛至也称"野马郁兰"。马郁兰性情温和，花香温润，有镇静舒缓之效。但是牛至有辛辣、生猛的香草味，可杀菌、杀虫、抗感染，如果使用时不加稀释，还会被它强烈的刺激性灼伤。有人说牛至有毒，对待病毒也是以牙还牙，以毒攻毒。正因如此，它虽功力颇高，却无法在芳疗界成为单方的常用精油，除非混合其他精油一起使用。

　　牛至的名字是两个希腊文 Oros（山）和 ganos（喜悦）的合体，这是由于它喜欢生长在向阳的山地，阳光越强烈，生长越旺盛，犹如把太阳的热力全部吸进身体，内化成它烈性的气味和雄厚的内力。因此，数千年前，牛至就被埃及人当作香料做成啤酒，缓解打嗝、胀气等症状。他们还用它治疗肺结核等疾病，甚至将它种在墓地旁，因为他们认为这种香味刺激、药用价值颇高的野草可以令死者安息。到了 19 世纪，人们经过千百年的证实，确定牛至还具有治疗哮喘、咳嗽和支气管炎的功效，敷用还可缓解关节痛和风湿病。

　　在古代备受珍视的植物，如今以科技手段萃取出的精油更是人间至宝，牛至精油将植物镇定安抚、消毒止痛的功效永远留在了人们身边。

国医解读

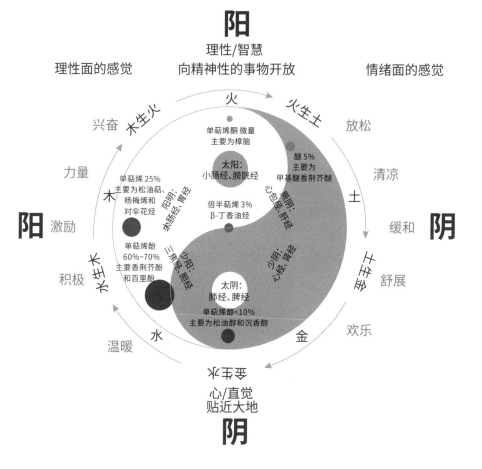

性味与归经：味辛、苦，性温。归心、肺、脾、大肠、小肠经。

功效：

· 心经：牛至入心经，具有调节和刺激神经的作用，适用于颈椎僵硬疲劳、紧张型头痛、神经病、失眠、情绪紧张等。

· 肺经：牛至入肺经，具有滋补肺气、净化肺内环境的功效，适用于支气管炎、感冒、黏膜发炎、气喘、百日咳等。

· 脾、大肠、小肠经：牛至入脾、大肠、小肠经，具有缓解神经性胃部不适、肠胃痉挛的功效，有利于抑制酸度、助消化胀气、改善吞气症、开胃等。

日常应用

使用方法：香薰，稀释使用。

保存方法：置于深色玻璃瓶中常温保存，建议将玻璃瓶放在木盒中，以降低温度的波动。未开封的纯精油可以保存 6 年，已开封的最好于 2 年内用完，若已调和为按摩油，于 3 个月内用完效果最佳。

注意事项：怀孕期间应避免使用；18 周岁以下人群禁用；不要在沐浴中使用，否则容易引起皮肤过敏。

◎ 香薰用法

作用：化痰止咳、镇痛。

配方：尤加利精油 2 滴、牛至精油 1 滴、冬青精油 1 滴。

用法：将上述精油滴入香薰炉上的水盘中，插上电源，便可享受芬芳的香薰。

◎ 配伍精油

月桂、薰衣草、百里香、茶树、迷迭香、柑橘、柠檬、桉树、丝柏等精油。

30 快乐鼠尾草精油

植物学名：*Salvia sclarea*

科　　属：唇形科 Labiatae

加工方法：水蒸馏法

萃取部位：花、嫩叶

主要成分：乙酸沉香酯、沉香醇

　　快乐鼠尾草是鼠尾草的一种，为两年生或多年生草本植物，开白色或者蓝紫色花朵，有非常浓郁的香气，英文名字 Clary 来自拉丁文 Clarus，是清澈、明亮之意。古希腊时期，人们就开始收集它的种子泡水用来清洗眼睛，在中世纪的欧洲曾被用来治疗眼部疾病，有"救世主之眼"的美誉。萨满巫师、炼金术师还有欧洲和亚洲的很多巫医认为快乐鼠尾草是一种奇特的植物，它的香味能令人们拓宽眼界，明辨善恶忠奸，还能培养远见卓识的美好品质。在他们看来，快乐鼠尾草不仅作用于人类的眼睛，还作用于心灵。

　　快乐鼠尾草也叫香紫苏，有着穗状花序。其花语是"撇开混沌，开启直觉"。鼠尾草家族庞杂，大部分含有毒素，但是快乐鼠尾草无毒，就像它的名字一样，能给人带来快乐和轻松。当人在快节奏的生活中，或者在复杂环境、纷乱事件中迷失自我的时候，使用快乐鼠尾草精油，就好比是给自己点亮了一盏灯，能令人在心理上回归自我，提升自觉力和洞察力，从这个意义上来说，快乐鼠尾草堪称"灵感之泉"。

　　现代研究表明，快乐鼠尾草精油可缓解女性经期不适，平衡荷尔蒙的分泌。在美容领域，快乐鼠尾草精油也常用来控油、抗菌和收缩毛孔，在促进毛发生长、抑制头皮油脂分泌过旺等方面也有很大帮助。总之，快乐鼠尾草可以带给人快乐，这种快乐来自它纯然的功效，也来自它对心灵的安抚作用。

国医解读

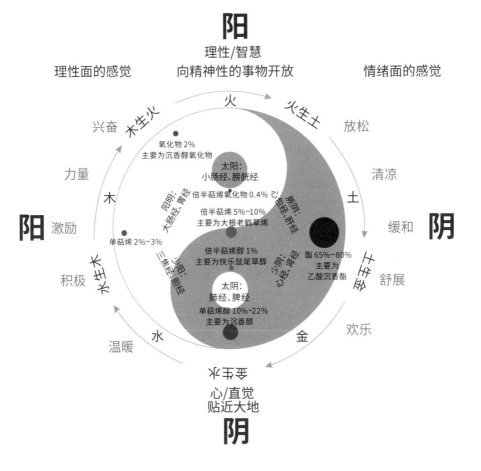

性味与归经：味辛、性温。归心、肺、肝、肾经。

功效：

· 心经：快乐鼠尾草入心经，能够增加活力、启发灵感和缓解压力。

· 肺经：快乐鼠尾草入肺经，具有抗细菌、抗真菌、调节荷尔蒙、抗痉挛、放松的功效，可促进皮肤细胞再生、紧致皮肤，亦能治疗咳嗽、支气管炎、咽喉痛等。

· 肝经：快乐鼠尾草入肝经，具有疏肝理气的特性，适用于情绪紧张、肌肉疲劳、偏头痛等。

· 肾经：快乐鼠尾草入肾经，能刺激雌性荷尔蒙分泌，有助于女性生殖系统的养护。

日常应用

使用方法：香薰、外用。

保存方法：置于深色玻璃瓶中常温保存，建议将玻璃瓶放在木盒中，以降低温度的波动。未开封的纯精油可以保存6年，已开封的最好于2年内用完，若已调和为按摩油，于3个月内用完效果最佳。

注意事项：使用不要过量，否则会导致头晕、头疼等症，同时注意不要和酒精一起使用。

◎ 香薰用法

作用：镇静、舒缓心情，恢复平静。

配方：快乐鼠尾草精油2滴、佛手柑精油1滴、雪松精油1滴。

用法：将上述精油滴入香薰炉上的水盘中，插上电源，便可享受芬芳的香薰。

◎ 按摩用法

作用：预防脱发、刺激毛囊活力。

配方：快乐鼠尾草精油2滴、薰衣草精油4滴、迷迭香精油2滴。

用法：头发洗净后，将上述精油滴入有温水的盆中，浸泡头发并轻轻按摩头皮。

◎ 配伍精油

柑橘类精油，薰衣草、迷迭香、天竺葵、柠檬香茅、茉莉、丝柏、乳香、雪松等精油。

31 薰衣草精油

植物学名：*Lavandula angustifolia*

科　　属：唇形科 Labiatae

加工方法：水蒸馏法

萃取部位：花序

主要成分：乙酸沉香酯、沉香醇

　　薰衣草是一种原产于地中海沿岸、大洋洲和欧洲的植物，后来扩散到了更多的地方。薰衣草又叫香水植物，有蓝紫色穗状花序，花香浓郁，而且是多年生耐寒花卉，是很多庭院都会栽培的观赏植物。古希腊时期，薰衣草的花非常珍贵，一磅（1 b ≈ 0.4536 kg）的卖价相当于一个工人在农场一个月的工钱。懂得享受生活的罗马人很早就将薰衣草的花朵加入沐浴的水中，薰衣草现在的英文名字 Lavender 源于拉丁文 Lavare，意为"洗净"。人们发现用它沐浴可以使皮肤白嫩，还可以平复疤痕。后来，罗马人将这种沐浴方法传到了世界上更多的地区。薰衣草还经常被装进袋子，作为杀虫剂塞入亚麻制品中。它还被用来护理伤员，清洁伤口。

在欧洲文化中，薰衣草总是和爱情联系在一起。伊丽莎白时期，薰衣草更是成为爱情的象征，它的花语就是等待爱情。薰衣草被制成香水后，受到查理一世皇后的喜爱。法国化学家雷奈摩里斯·加德佛塞在一次意外中发现它对皮肤有全方位的治疗和护理能力，疗效堪称完美。现在，法国菜和摩洛哥菜中也会加入薰衣草，营造出非同寻常的风味。

全世界最著名的薰衣草产地是法国的普罗旺斯和我国新疆的伊犁，因新疆地广人稀，空气洁净，温度适宜，这里出产的薰衣草被全世界公认为质量最佳。

薰衣草精油被誉为精油之萃，可以搭配多种植物精油活性因子，对人体肌肤起到深层清洁的作用，还能促进伤口愈合，使细胞再生。特别是搭配澳大利亚茶树精油，它的杀菌功效就会被放大，可快速治愈青春痘、痤疮等，并且不留疤痕。

薰衣草精油也是芳香疗法中用途最广、最常见的一款精油，而且还是少数可以直接涂抹在皮肤上的精油之一，特别适合刚开始接触精油的人使用。

国医解读

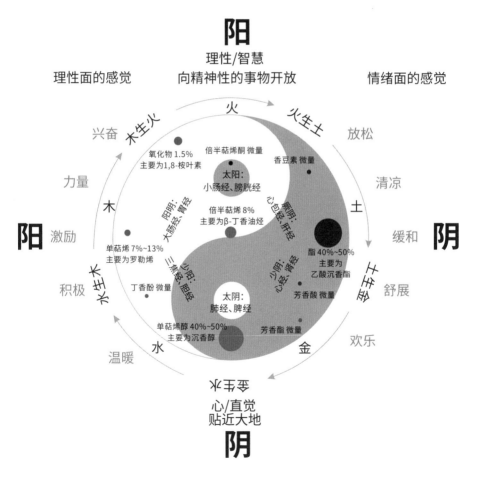

阳
理性/智慧
向精神性的事物开放

理性面的感觉　　　　　　　　　　　情绪面的感觉

兴奋　木生火　　　火　　火生土　　放松

力量

木　　　　　　　　　　　　　　　清凉

阳　激励　　　　　　　　　　　　　　　　　阴

积极　水生木　　　　　　　　　　舒展

温暖　　　水　　　　金　　　欢乐

水生木

心/直觉
贴近大地

阴

氧化物 1.5%
主要为1,8-桉叶素

倍半萜烯酮 微量

香豆素 微量

太阳:
小肠经、膀胱经

倍半萜烯 8%
主要为β-丁香油烃

阳阴:
大肠经、胃经

厥阴:
心包经、肝经

单萜烯 7%~13%
主要为罗勒烯

三焦经、胆经

少阳:

少阴:
心经、肾经

酯 40%~50%
主要为
乙酸沉香酯

丁香酚 微量

芳香酸 微量

太阴:
肺经、脾经

单萜烯醇 40%~50%
主要为沉香醇

芳香酯 微量

土

金

· 187

性味与归经：味辛、性凉。归心、心包、肺、脾、胃、胆经。

功效：

· 心、心包经：薰衣草入心、心包经，具有平衡、安抚、缓解焦虑与忧郁、在精疲力竭时提振精神的功效，适用于睡眠障碍、忧郁、恐惧、高血压、心悸、心律不齐等。

· 肺经：薰衣草入肺经，具有抗细菌、抗病毒、防腐杀菌、抗真菌、退烧、有效刺激免疫系统、促进细胞再生、治疗伤口、抗发炎的功效，适用于感冒、支气管炎、耳痛、中耳炎、发烧、百日咳、头痛、神经炎、血压升高、血液循环不畅、晒伤、皮肤过敏、荨麻疹、溃疡、皱纹、妊娠纹、湿疹等。

· 脾、胃、胆经：薰衣草入脾、胃、胆经，具有刺激胆汁分泌和促进消化的功效，适用于肠痉挛、紧张性胃痛、肠胃绞痛、消化问题、心因性胃痛等。

日常应用

使用方法：香薰、外用。

保存方法：置于深色玻璃瓶中常温保存，建议将玻璃瓶放在木盒中，以降低温度的波动。未开封的纯精油可以保存6年，已开封的最好于2年内用完，若已调和为按摩油，于3个月内用完效果最佳。

注意事项：避免在怀孕初期使用，低血压患者避免使用。

香薰用法

作用：安抚激动情绪、舒缓偏头痛。

配方：薰衣草精油3滴（单独使用或混合使用）、快乐鼠尾草精油2滴、乳香精油2滴。

用法：将上述精油滴入香薰炉上的水盘中，插上电源，便可享受芬芳的香薰。

◎ 按摩用法

作用：缓解肌肉酸痛、帮助身体放松。

配方：薰衣草精油4滴、马郁兰精油3滴、迷迭香精油3滴、甜杏仁油20 mL。

用法：将上述精油和甜杏仁油均匀混合成按摩油，取适量涂抹于肌肉酸痛部位并进行按摩。

◎ 沐浴用法

作用：促进睡眠、安神。

配方：薰衣草精油5滴、檀香精油1滴。

用法：先将上述精油滴入放满热水的浴缸中搅散，再进行泡浴，时间以 15~20 分钟为宜。

◎ 配伍精油

柑橘类精油，快乐鼠尾草、迷迭香、天竺葵、玫瑰、茶树、乳香、檀香、雪松、马郁兰、丁香、杜松等精油。

32 广藿香精油

植物学名：*Pogostemon cablin*

科　　属：唇形科 Labiatae

加工方法：水蒸馏法

萃取部位：叶、枝

主要成分：广藿香醇、布藜烯

　　广藿香是一种来自远东的香料，也叫大叶薄荷。在植物香料家族中，广藿香以香味浓烈、持久著称，因此常被用作定香剂，很早就成为香水制造业必需的原材料。香薰时，在复方精油里滴入一滴广藿香精油，可让香味更加持久。广藿香在中国、日本、印度有很长的药用历史，人们用它来解蛇毒、驱赶蚊虫。维多利亚时代，人们经常将它夹在布巾中，这样在包裹商品时就可以起到防蛀的效果了。广藿香于 1826 年出现在欧洲贸易中，从用作纺织品香料，到应用于香水制造业，又因为它神奇的药效，慢慢地在印度、中国、马来西亚等国家演变成生活用品。在崇尚"花朵力量"的时代，广藿香和檀香、茉莉一起，成为当时备受追捧的植物。

广藿香精油是从广藿香植物的枝叶中提取的，要先令叶片干燥发酵，再进行蒸馏提取，所以广藿香精油闻上去会有一种土香味，且香气持久。它还像酒一样，时间越长，气味越是醇厚好闻，而且理疗效果也越佳，因此又被称作精油界的"女儿红"。

曾经，全球产量最高的是半岛马来西亚（马来西亚前身）的广藿香精油。从第二次世界大战开始，塞舌尔岛的广藿香精油产量逐渐超过半岛马来西亚，但品质不及前者。广藿香精油由于气味强烈，最好小剂量使用。

国医解读

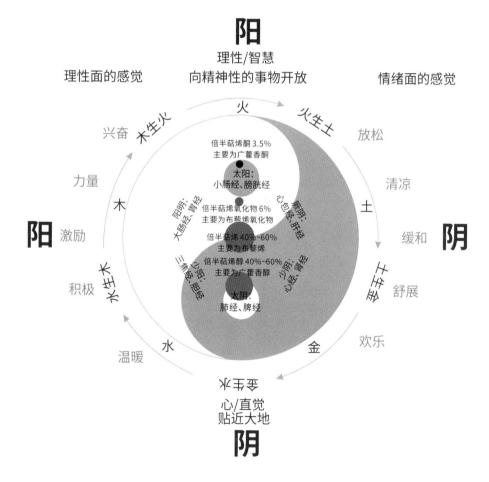

阳
理性/智慧
向精神性的事物开放

理性面的感觉

情绪面的感觉

阳

阴

兴奋

放松

力量

清凉

激励

缓和

积极

舒展

温暖

欢乐

火

木生火

火生土

木

土

水生木

金生土

水

金

水生水

倍半萜烯酮 3.5%
主要为广藿香酮

太阳:
小肠经、膀胱经

阳阴:
大肠经、胃经

厥阴:
心包经、肝经

倍半萜烯氧化物 6%
主要为布藜烯氧化物

倍半萜烯 40%~60%
主要为布藜烯

倍半萜烯醇 40%~60%
主要为广藿香醇

三焦经、胆经

少阴:
心经、肾经

少阳:

太阴:
肺经、脾经

心/直觉
贴近大地

阴

性味与归经：味辛、性温。归肺、胃、脾、大肠、小肠经。

功效：

·肺经：广藿香入肺经，具有舒缓情绪、平衡、提神的功效，适用于自主神经功能障碍等。

·胃经：广藿香入胃经，具有和中止呕、解暑发表的功效，适用于呕吐、腹泻、消化不良，可促进胃肠道分泌消化液、促进食物的消化吸收等。

·脾、大肠、小肠经：广藿香入脾、大肠、小肠经，能够调节食欲、消除脂肪团块、减轻腹泻等。

日常应用

使用方法：香薰、外用。

保存方法：置于深色玻璃瓶中常温保存，建议将玻璃瓶放在木盒中，以降低温度的波动。未开封的纯精油可以保存 6 年以上，且香气随着时间的流逝会更加温润柔和。

注意事项：广藿香精油低剂量使用时具有安神镇静的效果，但高剂量使用时具有使人兴奋的功效，会引起食欲减退。广藿香精油气味强烈而持久，请酌情少量使用。

◎ 香薰用法

作用：提振精神、抚慰心灵、净化空气。

配方：广藿香精油 3 滴、雪松精油 1 滴、佛手柑精油 1 滴。

用法：将上述精油滴入香薰炉上的水盘中，插上电源，便可享受芬芳的香薰。

◎ 涂抹用法

作用：减轻湿疹引起的不适，减少湿疹发生的概率。

配方：广藿香精油 3 滴、没药精油 2 滴、天竺葵精油 2 滴、甜杏仁油 15 mL。

用法：将上述精油与甜杏仁油混合均匀，取适量涂抹于湿疹处即可。

◎ 配伍精油

快乐鼠尾草、花梨木、玫瑰、橙花、佛手柑、天竺葵、没药、雪松、乳香、檀香等精油。

33 桉油樟罗文莎叶精油

植物学名：*Cinnamomum camphora*

CT. cineole

科　　属：樟科 Lauraceae

加工方法：水蒸馏法

萃取部位：新鲜叶片

主要成分：1,8- 桉叶素、柠檬烯

　　桉油樟罗文莎叶产自马达加斯加岛，也有说这种植物源自中国和日本，是 3 个世纪前被殖民者带入马达加斯加的。在马达加斯加语中，Ravintsara 的意思是"美好的叶子"。当地人非常珍视这种植物，将鲜叶片做成茶饮，以增强身体免疫力，应对多种病毒的传播。桉油樟罗文莎叶是一种樟科植物，通身散发着芬芳的气息，树皮、树叶和果实都有用。无论是作为香料还是入药，它都是一种可信赖的植物。桉油樟虽属樟科，但其精油的樟脑含量并不像其他樟科植物精油那么高，反而富含桉油醇，这注定了它具有温和不刺激的特性，也大大拓宽了其应用范畴。有研究证明，桉油樟罗文莎叶精油在众多精油中抗病毒的能力名列前茅，其强大的抗毒功效成就了它的赫赫威名。每当流感、鼠疫等传染病暴发时，此精油会当之无愧地成为人们的首选之一。特别是对薰衣草精油和茶树精油味道敏感的人来说，可以选用桉油樟罗文莎叶精油，它的气味仿佛尤加利，同时还散发着一股水果的香甜。

这款精油在芳香疗法中，特别适用于处于复杂环境下精神不集中、心情倦怠的人群。它仿佛能够营造出一个独立的空间，令人身处其中，梳理和调整被打乱的思绪，重新整合身心，重新达到身心平衡的状态。特别是在季节更迭的时候，准备一款桉油樟罗文莎叶精油，预防流感的侵袭，对抗多种病毒细菌的侵扰，保护自己、保护家人，是一种非常不错的选择。

国医解读

阳

理性/智慧
向精神性的事物开放

理性面的感觉

情绪面的感觉

兴奋

放松

力量

清凉

阳

激励

阴

缓和

积极

舒展

欢乐

温暖

火

木生火

火生土

木

土

水生木

圣年于

水

金

水于委

心/直觉
贴近大地

阴

单萜烯酮<1%
主要为樟脑

醚 1%~2%
主要为甲基醚丁香酚
和黄樟脑

氧化物 50%~60%
主要为1,8-桉叶素

太阳:
小肠经、膀胱经

阳明:大肠经、胃经

酯<9%
主要为
乙酸松油酯
和乙酸龙脑酯

倍半萜烯5%~8%

少阴:心经、肾经

厥阴:心包经、肝经

单萜烯 15%~25%
主要为柠檬烯、
蛇床烯和松油萜

三焦经、胆经

太阴:
肺经、脾经

倍半萜烯醇<1%

丁香酚<7%

单萜烯醇 5%~7%

性味与归经：味辛、性微温。归心、肝、脾、胃、大肠、小肠、膀胱经。

功效：

·心经：桉油樟罗文莎叶入心经，是既能滋补身体又能养神的植物，在提高动力的同时又不会令人感到心烦。适用于忧郁、焦虑、失眠、情绪不安等。

·肝经：桉油樟罗文莎叶入肝经，能清肝解热，可进行一般性排毒，预防病毒感染与一般性免疫衰弱，适用于肝炎等。

·脾、胃、大肠、小肠经：桉油樟罗文莎叶入脾、胃、大肠、小肠经，能够止痛并保持关节柔软与灵活度，适用于骨性关节炎、肌肉挛缩等。

·膀胱经：桉油樟罗文莎叶入膀胱经，具有抗病毒、激励免疫系统、利尿等功效。

日常应用

使用方法：香薰、外用。

保存方法：置于深色玻璃瓶中常温保存，建议将玻璃瓶放在木盒中，以降低温度的波动。未开封的纯精油可以保存 6 年，已开封的最好于 2 年内用完，若已调和为按摩油，于 3 个月内用完效果最佳。

注意事项：使用之前，建议先做过敏测试。

◎ 香薰用法

作用：净化空气、预防感冒。

配方：桉油樟罗文莎叶精油（单独使用或混合使用）4滴、柠檬精油2滴、松精油2滴。

用法：将上述精油滴入香薰炉上的水盘中，插上电源，便可享受芬芳的香薰；或直接滴在面巾纸上置于卫生间等处改善环境异味。

◎ 按摩用法

作用：舒缓。

配方：桉油樟罗文莎叶精油4滴、尤加利精油1滴、乳香精油1滴、分馏椰子油30 mL。

用法：将上述精油与分馏椰子油均匀混合成按摩油后，涂抹于不适部位并进行按摩。

◎ 配伍精油

薰衣草、洋甘菊、永久花、没药、天竺葵、百里香、苦橙叶、玫瑰、迷迭香、檀香、岩兰草等精油。

34 月桂叶精油

植物学名：*Laurus nobilis*

科　　属：樟科 Lauraceae

加工方法：水蒸馏法

萃取部位：叶

主要成分：1,8- 桉叶素、蒎烯

月桂是一种常绿乔木，原产于地中海一带，自古就是一种烹饪及腌制食物的香料。月桂气味芬芳，但也夹杂一丝苦味。古代的欧洲人除了用月桂来烹饪调味外，还发现它有健胃的功效。除此之外，月桂也经常被用作装饰品。

在罗马，人们把月桂当作和平和护卫的象征，提起它，人们就会联想到"医药之神"阿波罗。月桂在拉丁语中写为 Laurus，原意为"赞美"。古希腊人把月桂看作神圣之物，著名的奥林匹克竞赛中，获胜的人总会头戴桂冠,那桂冠便是用月桂的枝叶编织而成的。后来，

人们把月桂赠予优秀的学者以彰显他们获得的殊荣。

在希腊神话中，阿波罗追赶自己的爱人达芙妮，当快要追上时，达芙妮却化身成一棵月桂树，阿波罗亲吻月桂树，宣布月桂树就是他的标志，而达芙妮被称作月桂女神。月桂枝条也成了送给优胜者或者诗人们的最高奖赏，"桂冠诗人"的称号由此而来。据说，当年拿破仑进攻莫斯科时，带了一尊自己的等身大理石像过去，石像头戴桂冠，可见当时他必胜的信心。传说要想夜梦吉祥，最好是摘一片月桂叶子放在枕头下面，能够枕此入眠者，都会在梦中看到好的景象。

月桂叶能加速唾液的分泌，把它加到食物里确实可以起到消食的作用。而且，人们很早就发现了它消毒、抗菌的功效，在教堂里撒满月桂叶子，可以保持环境卫生。

月桂叶被制成精油，在很多方面都对人类有所帮助，比如可以缓解疼痛、平复焦虑和恐惧的情绪，还可以防治多种感染，不负月桂的美名。

国医解读

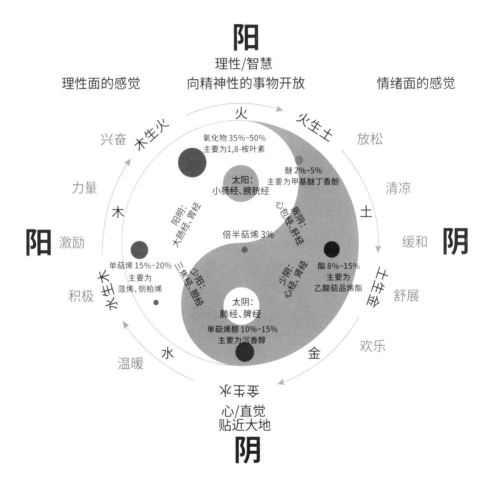

性味与归经：味辛、性温。归心、心包、肺、脾、胃、大肠经。

功效：

· 心、心包经：月桂叶入心、心包经，具有提神、平衡、舒缓情绪的功效，适用于自主神经功能障碍、倦怠、恐惧、焦虑等。

· 肺经：月桂叶入肺经，具有抗细菌、抗真菌、化痰、排痰的功效，适用于感冒、额窦炎、鼻窦炎、心绞痛、中耳炎、口腔炎等。

· 脾、胃、大肠经：月桂叶入脾、胃、大肠经，有利于打开胃口、祛退胀气、安抚胃痛等，亦能养肝补肾、促进尿液流动等。

日常应用

使用方法：香薰、外用。

保存方法：置于深色玻璃瓶中常温保存，建议将玻璃瓶放在木盒中，以降低温度的波动。未开封的纯精油可以保存 6 年以上，且香气随着时间的流逝会更加温润柔和。

注意事项：月桂叶精油有可能会刺激皮肤，因此需稀释使用。孕妇禁用。

◎ 香薰用法

作用：抗菌、消炎、安抚情绪。

配方：月桂叶精油 2 滴、薰衣草精油 1 滴、桉油樟罗文莎叶精油 1 滴。

用法：将上述精油滴入香薰炉上的水盘中，插上电源，便可享受芬芳的香薰。

◎ 泡浴用法

作用：消除疲劳、放松身体。

配方：月桂精油 1 滴、甜橙精油 2 滴、依兰依兰精油 1 滴。

用法：将上述精油滴入浴缸热水中，搅散后泡浴，时间以 10~15 分钟为宜。

◎ 配伍精油

芫荽籽、薰衣草、迷迭香、马郁兰、尤加利、甜橙、百里香、依兰依兰、杜松、姜等精油。

35 肉桂精油

植物学名：*Cinnamomum cassia*

科　　属：樟科 Lauraceae

加工方法：水蒸馏法

萃取部位：叶、皮

主要成分：肉桂醛

　　肉桂是中国、印度、老挝等地的一种常见的乔木，肉桂精油之前萃取自肉桂树的树皮，但近年来人们发现，除了树皮外，肉桂的叶子也是提炼精油的好原料。肉桂精油的味道属于混合型，像辛辣、木材、麝香三者融为一体的气味，还带点甜，颜色为黄褐色。

　　从历史上来说，肉桂是人类生活中一种非常原始的香料，而且一直都深得人们的重视，很多寺庙里焚烧的香火中也经常加入肉桂。在凤凰涅槃的神话传说中，凤凰浴火重生的火焰，是由燃烧三种神奇植物而来，其中就有肉桂。希腊人除将肉桂用作香料外，还将肉桂视为一味胃药。在我国，人们也用肉桂来降肝火、疏导胀气。罗马人则因肉桂强烈的香气而对其爱不释手，所以将它加入香料中。在中国和印度的贸易往来中，肉桂是重要的商品之一。后来，欧洲人发现了肉桂的其他好处，于是在酿酒时加入它作为调剂。19世纪初，英国宣布斯里兰卡为其殖民地，自此，东印度公司独霸了全球的肉桂工业，从中获利无数，直至东印度公司被英国政府取消。

　　人们发现，肉桂精油对缓解肌肉紧张有神奇的效果。此外，它对一些轻微的妇科疾病、更年期症状也有疗效。女性处于经期，也需要好好照顾自己的情绪。肉桂精油不但有缓解痛经的功能，对于情绪的安抚也有明显的效果。此外，美容行业也发现肉桂精油具有促进血液循环、抗衰老、令皮肤收敛紧致的作用。虽然它具有中度的刺激性，不应直接外用，但混合后，就能发挥应有的功效了。谨慎起见，这款精油最好还是在专业芳疗师的指导下使用。

国医解读

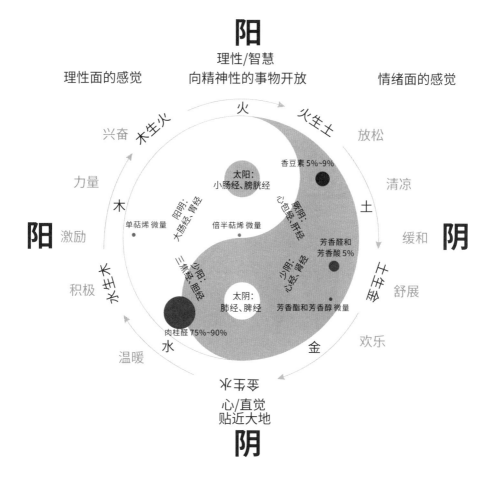

性味与归经：味辛、甘，性大热。归大肠、小肠、脾、胃、肺、肾、心经。

功效：

·大肠、小肠、脾、胃经：肉桂入大肠、小肠、脾、胃经，具有温暖活化和抗痉挛的功效，适用于反胃、胀气、腹泻、呕吐等。

·肺经：肉桂入肺经，具有抗细菌（B 群和 D 群链球菌、大肠杆菌、金黄色葡萄球菌、白色表皮葡萄球菌）、抗真菌的功效，用于预防与治疗感冒、发烧等。

·肾经：肉桂入肾经，具有温暖女性身体、调理月经、改善性冷淡、消除性疲劳等功效。

·心经：肉桂入心经，具有减缓压力、缓解抑郁、促进血液循环、改善紧张性肌肉紧绷、缓解关节炎和风湿疼痛等功效。

日常应用

使用方法：香薰、外用。

保存方法：置于深色玻璃瓶中常温保存，建议将玻璃瓶放在木盒中，以降低温度的波动。未开封的纯精油可以保存 6 年，已开封的最好于 2 年内用完，若已调和为按摩油，于 3 个月内用完效果最佳。

注意事项：肉桂精油对皮肤和黏膜会产生刺激性，请勿直接用在皮肤上，必要时稀释使用。不可直接吸入肉桂精油的蒸汽，但可以将其作为香薰剂适当洒在室内，用于杀菌、杀虫等。

◎ 香薰用法

作用：提振精神。

配方：肉桂精油2滴、依兰依兰精油3滴、玫瑰精油1滴。

用法：将上述精油滴入香薰炉上的水盘中，插上电源，便可享受芬芳的香薰。

◎ 按摩用法

作用：改善腹泻、消化不良状况，增强免疫力。

配方：肉桂精油3滴、百里香精油2滴、分馏椰子油15 mL。

用法：将上述精油和分馏椰子油均匀混合成按摩油，取适量涂抹于下腹部并进行按摩。注意先进行皮肤测试，无异常后方可使用。

◎ 配伍精油

月桂叶、佛手柑、雪松、柏木、桉树、薰衣草、百里香、玫瑰、依兰依兰、苦橙叶等精油。

36 山鸡椒精油

植物学名：*Litsea cubeba*

科　　属：樟科 Lauraceae

加工方法：水蒸馏法

萃取部位：果

主要成分：柠檬醛、柠檬烯

　　山鸡椒也叫山苍子、木姜子，"身材"矮小，是我国南方一种常见的小乔木或者落叶灌木，除了制作家具和建筑使用外，也可以做成药材，其更广泛的用途是烹饪用的香料。山鸡椒富含柠檬醛，香味极具穿透力，在很多地区堪比花椒，既有开胃的功效，又可以使人精神振奋。在渝、鄂、湘、黔等地，人们常用山鸡椒制作泡菜，不仅可以增加泡菜的浓香味，还可以充分发挥它的抑菌功能，延长泡菜的保质期，是天然的防腐剂。

　　山鸡椒是东南亚的原生植物，其散发的香气中带着柠檬香和芳草香，萃取的精油成分与香蜂草精油类似，但是又比香蜂草多了一丝清淡的柠檬香，它也被称为"中国香蜂草"。因为价格比较便宜，经常有人用山鸡椒精油冒充香蜂草精油，仔细加以辨别的话，还是可以区分的。山鸡椒精油延续了它作为香料时的功能，具有开胃、提振精神等多重功效，对心情低落、情绪不饱满的人特别适用。山鸡椒精油进入人体后，首先滋养呼吸系统，让人重现活力，有人说它是心脏和呼吸系统的补品。另外，它杀菌的效果特别出色，在感冒等传染病肆虐的季节，于家中使用山鸡椒精油，可为家人建立保护屏障，抵抗病毒侵袭。因为它气味清新，又有除臭功能，很多人也在厕所、浴室等卫生死角处喷洒含有山鸡椒精油的水，让这种天然香气弥漫在家中的每个角落。

国医解读

阳
理性/智慧
向精神性的事物开放

理性面的感觉

情绪面的感觉

火生土

兴奋　木生火　火　放松

单萜烯酮 4.5%
主要为甲基庚烯酮

力量

太阳:
小肠经、膀胱经

清凉

单萜烯醛 70%~80%
主要为柠檬醛

木

土

阳　激励

倍半萜烯 微量

厥阴:
心包经、肝经

酯 微量

阴

缓和

单萜烯
10%~15%
主要为柠檬烯

少阳:
三焦经、胆经

少阴:
心经、肾经

金生土

舒展

积极　水生木

太阴:
肺经、脾经

欢乐

温暖　水　单萜烯醇 5%~10%
主要为沉香醇、橙花醇、香叶醇　金

金生水

心/直觉
贴近大地

阴

性味与归经：味微苦、辛，性温。归心、心包、肺、脾、胃、大肠、小肠经。

功效：

·心、心包经：山鸡椒入心经，具有恢复精神、激励、集中注意力的功效，有助于缓解神经紧张、心神不宁等，亦有助于治疗冠心病和高血压。

·肺经：山鸡椒入肺经，具有抗细菌、抗病毒、抗真菌、抗发炎、提高皮肤新陈代谢的功效，适用于支气管炎、哮喘、粉刺、痤疮、油性皮肤等。

·脾、胃、大肠、小肠经：山鸡椒入脾、胃、大肠、小肠经，具有调节免疫系统、帮助消化、促进血液循环的功效，适用于消化不良、胃肠胀气、食欲不振、腹泻、十二指肠溃疡等。

日常应用

使用方法：香薰，稀释使用。

保存方法：置于深色玻璃瓶中常温保存，建议将玻璃瓶放在木盒中，以降低温度的波动。未开封的纯精油可以保存6年，已开封的最好于2年内用完，若已调和为按摩油，于3个月内用完效果最佳。

注意事项：山鸡椒精油一般没有刺激性，但谨慎起见，使用前仍需做皮肤测试。

◎ 香薰用法

作用：提振精神。

配方：山鸡椒精油 2 滴、甜橙精油 1 滴、迷迭香精油 1 滴。

用法：将上述精油滴入香薰炉上的水盘中，插上电源，便可享受芬芳的香薰。

◎ 配伍精油

罗勒、洋甘菊、快乐鼠尾草、薰衣草、天竺葵、芫荽籽、玫瑰等精油。

37 樟树精油

植物学名：*Cinnamomum camphora*

科　　属：樟科 Lauraceae

加工方法：水蒸馏法

萃取部位：主干或主枝木材

主要成分：1,8- 桉叶素、蒎烯

　　樟树是一种原产自东方的树种，在中国、斯里兰卡、马达加斯加和东南亚等国家和地区均可发现此树种的身影。在我国主要集中在长江流域以南，多分布在向阳地带，是亚热带常绿阔叶林树种。樟树全身都散发着清新的樟脑香气，像一阵从遥远山谷吹过来的风，带着自然而清新的韵律，顷刻间便让人从昏沉和慵倦中振奋起来。所以自古以来，它都是东方各国倍加珍视的香料。樟树的木质坚硬，经常被应用到建筑业和制造业中。用樟树打造的家具防虫防蛀，且散发着经久不息的香味，备受人们喜爱。在东方很多国家的文化中，樟树代表着神圣，人们会以樟树枝叶做成头冠，戴在战士的头上。

在我国，人们自古就很珍视樟树制品，也早就知道它防蛀的功效，曾经为了建造寺庙和船舶不惜从遥远的越南进口樟树。到现在，我国很多地区的人们还是习惯在衣柜里塞入樟脑球以防虫蛀、腐烂。

樟树在我国是国家二级保护植物，被列入第一批重点保护野生植物名录。

樟树精油萃取自樟树的木材，浓缩了这种植物的精华，一直是受人们偏爱的一款精油，很多芳香剂和杀虫剂中都会选用它做主要成分。

樟树精油具有平衡的作用，在身体有炎症而引起发烧时，它可以根据身体状态回暖或降温，使机体恢复平衡状态。在芳香疗法中，樟树精油对心灵的安抚作用尤其明显，因为它气味清新，可醒脑提神。特别是对精神沮丧和处于麻木状态的人来说，樟树精油就像一针强心剂，令人嗅之振奋。

国医解读

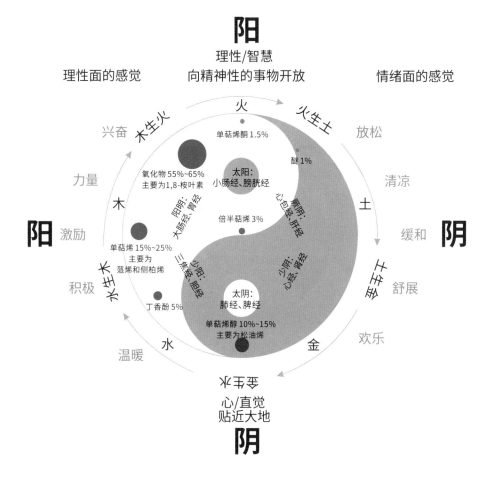

阳
理性/智慧
向精神性的事物开放

理性面的感觉

情绪面的感觉

阳

阴

阴

性味与归经：味辛、性微温。归肺、脾、胃、大肠、膀胱经。

功效：

·肺经：樟树入肺经，具有强化呼吸与循环净化肺部的功效，有利于顺畅呼吸，改善支气管炎，缓解伤风感冒、咳嗽、发烧等症状，亦适用于粉刺、油性皮肤、灼伤、溃疡等。

·脾、胃、大肠经：樟树入脾、胃、大肠经，能抗胃肠痉挛、放松消化道，有双效调节的作用，适用于便秘或腹泻、肠胃发炎等。

·膀胱经：樟树入膀胱经，具有利尿、排毒、抗感染的功效，可提升肾脏和肝脏的排毒和解毒功能，适用于月经紊乱、经血过少、肌肉酸痛、风湿痛等。

日常应用

使用方法：香薰、外用，稀释使用。

保存方法：置于深色玻璃瓶中常温保存，建议将玻璃瓶放在木盒中，以降低温度的波动。未开封的纯精油可以保存 6 年，已开封的最好于 2 年内用完，若已调和为按摩油，于 3 个月内用完效果最佳。

注意事项：樟树精油效力较强，具有一定的刺激性，过量使用有可能引起抽搐和呕吐。孕妇禁用。

◎ 香薰用法

作用：提神醒脑。

配方：樟树精油 2 滴、薄荷精油 1 滴、迷迭香精油 1 滴。

用法：将上述精油滴入香薰炉上的水盘中，插上电源，便可享受芬芳的香薰。

◎ 按摩用法

作用：有助于治疗风湿、肠胃不适、感冒等。

配方：尤加利精油 2 滴、樟树精油 3 滴、广藿香精油 2 滴、分馏椰子油 20 mL。

用法：将上述精油与分馏椰子油均匀混合成按摩油，取适量涂抹于不适部位并进行按摩。

◎ 配伍精油

马郁兰、罗勒、洋甘菊、迷迭香、薄荷、尤加利、广藿香、薰衣草、甜橙、柠檬等精油。

38 沉香精油

植物学名：*Aquilaria sinensis* (Lour.) Spreng

科　　属：瑞香科 Thymelaeaceae Juss

加工方法：水蒸馏法

萃取部位：树脂

主要成分：沉香醇、乙酸沉香醇

　　沉香是沉香树在自然界受到外伤，被真菌感染之后分泌油脂形成的。据说，形成沉香的野生树树龄起码要有二三十年，且生命力比较旺盛，植物体内汁液充沛，因为这样才能在感染后分泌出树脂与真菌对抗，弥补伤口，从而结出出色的沉香。如果树龄太小，很可能在感染中死亡，能结出沉香的概率是比较低的。沉香树并没有香味，当它受伤感染后才开始分泌芳香物质，散发出芬芳的气息。沉香形成的过程也相当漫长，而且有大小、优劣之分，一块上乘的沉香是要经过千百年风雨洗礼的，沉香形成越是不易越是珍贵，在人类文化中，它早就成了一个独特的存在。古人重视沉香、偏爱沉香，以使用和佩戴沉香自喻品格和格调的高远，而沉香在我国传统文化里，历来都是品位和品质的象征。它是皇家长期御用的香料，也是宗教人士较为偏爱的一款香料。因为珍贵，沉香又被誉为"众香之首""香中之王"。

除了文化上的重要地位之外，沉香的药用价值也非常高，明代李时珍曾对它的功效大为赞誉，认为它在治疗腹胀、肾虚、胃寒等方面是非常好的药材。在使用中，人们不断证实，沉香还有消炎杀菌、益补脏腑、减压助眠、增强脑细胞活力等功效。由于野生沉香形成漫长，数量有限，具备人工沉香无法比拟的优点，因此沉香精油的价格也是一再攀升。

国医解读

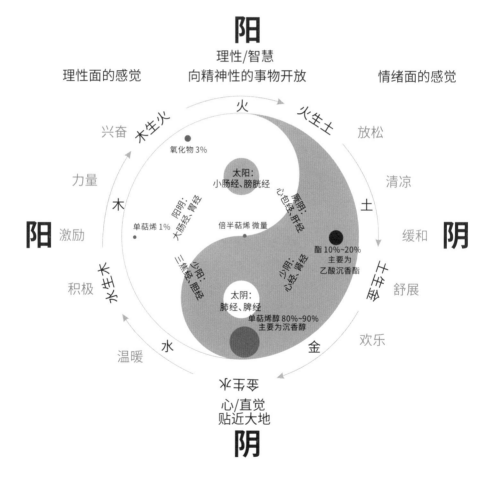

阳
理性/智慧
向精神性的事物开放

理性面的感觉　　　　　　　　　　　　　　　情绪面的感觉

阳　　　　　　　　　　　　　　　　　　　　阴

心/直觉
贴近大地

阴

性味与归经：味辛、苦，性微温。归心、心包、肺、肝、脾经。

功效：

·心、心包经：沉香入心、心包经，具有使人放松、平静及提神的功效，适用于身心疲惫、焦虑、心绞痛等。

·肺经：沉香入肺经，具有抗细菌、抗病毒、抗真菌、护理并强化肌肤、调理皮肤常驻菌丛生态的功效。

·肝、脾经：沉香入肝、脾经，具有增强免疫调节、抗痉挛等功效，可以帮助消化、减轻腹绞痛、消除胃肠胀气等。

日常应用

使用方法：香薰，稀释使用。

保存方法：置于深色玻璃瓶中常温保存，建议将玻璃瓶放在木盒中，以降低温度的波动。未开封的纯精油可以保存 6 年，已开封的最好于 2 年内用完，若已调和为按摩油，于 3 个月内用完效果最佳。

◎ 香薰用法

作用：安眠。

配方：沉香精油 1 滴、檀香精油 1 滴。

　　用法：将上述精油滴入香薰炉上的水盘中，插上电源，便可享受芬芳的香薰。

◎ 配伍精油

丁香、乳香、丝柏、薰衣草、檀香、广藿香、岩兰草等精油。

39 乳香精油

植物学名：*Boswellia carteri*

科　　属：橄榄科 Burseraceae

加工方法：水蒸馏法

萃取部位：树脂

主要成分：α - 蒎烯、β - 石竹烯

乳香精油是从乳香树的树脂中提取的，是人类最早使用的精油之一。乳香树原产于中东的黎巴嫩和伊朗，叶片呈尖塔状，开淡粉色或者白色花朵。在乳香树干上成条地切割，剥离树皮，乳白色的汁液会从切口处渗出来，再用蒸馏法萃取出精油。乳香精油从里到外都散发着自然而纯粹的木质香味，隐约中又透着一丝果香，能在瞬间营造出自在与舒适的感觉。

"乳香"的英文名字 frankincense 是从法文 Franc 演变而来的，本意是"真正的焚香"。可以说，乳香出自名门，自古便是香薰材料中的奢华之物。

　　早在古埃及，人们就常在神坛上焚烧乳香，用于祭祀。在古代，乳香贵如黄金，埃及人和希伯来人从腓尼基人那里进口乳香要花费巨资，但他们从不吝啬于此。

　　在古代，人们常将乳香制成香薰，用来稳定情绪，缓解躁郁，也治疗呼吸道方面的疾病；在护肤上，懂得美容养颜的埃及人，早就发现乳香可以帮助人延缓衰老，他们将乳香制成敷面膏，享受大自然的恩赐；而在我国，人们发现乳香在治疗麻风病和淋巴结结核病方面有特殊的疗效。如今，由于乳香原产地政局动荡，再加上树木滥采滥伐，影响了乳香原材料的供应，使得乳香价格上涨，比黄金还贵重的乳香精油更是成了人们眼中难得的珍宝。

国医解读

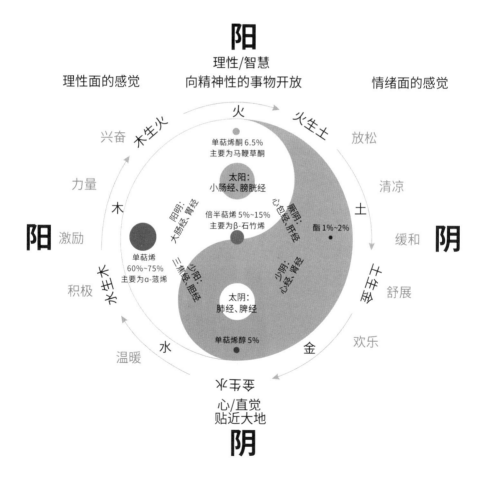

性味与归经：味辛、苦，性温。归心、肺、肾经。

功效：

·心经：乳香入心经，能促进血液循环及刺激免疫系统，所含的单萜烯能够增加大脑的供氧量，启发灵感、纾解焦虑。

·肺经：乳香入肺经，具有提高免疫力的功效，能消解黏液、清肺化痰、激发免疫系统。

·肾经：乳香入肾经，能调节肾上腺皮质，作用于生殖系统，适用于月经不调、生殖系统感染等。

日常应用

使用方法：香薰、外用。

保存方法：置于深色玻璃瓶中常温保存，建议将玻璃瓶放在木盒中，以降低温度的波动。未开封的纯精油可以保存 6 年，已开封的最好于 2 年内用完，若已调和为按摩油，于 3 个月内用完效果最佳。

注意事项：使用之前，建议先做过敏测试。孕妇禁用。

◎ 香薰用法

作用：镇静、舒缓，有助于治疗鼻炎、支气管炎，顺畅呼吸。

配方：乳香精油 5 滴、雪松精油 3 滴、茶树精油 1 滴。

用法：将上述精油滴入香薰炉上的水盘中，插上电源，便可享受分芳的香薰。

◎ 按摩用法

作用：抗衰老、缓解过敏。

配方：乳香精油3滴、大马士革玫瑰精油2滴、罗马洋甘菊精油1滴，分馏椰子油5 mL。

用法：将上述精油与分馏椰子油均匀混合成按摩油，取适量涂抹于脸部并轻柔按摩。

◎ 配伍精油

天竺葵、薰衣草、迷迭香、玫瑰、茉莉、广藿香、雪松、檀香、没药、甜橙、葡萄柚等精油。

40 雪松精油

植物学名：*Cedrus deodara*

科　　属：松科 Pinaceae

加工方法：水蒸馏法

萃取部位：木材

主要成分：雪松烯、大西洋酮

　　雪松是一种常绿乔木，原产于地中海沿岸、喜马拉雅山等地区。雪松的英文名字 Cedar 在闪族语中意为"精神的力量"。它纹理细腻，木质坚实，且散发淡雅的香气，在多种文化中都具有美好的寓意。现在，雪松是黎巴嫩的国树，是我国青岛市的市树。在古代，作为一种芳香植物，雪松经常被寺院用以焚香，这也增添了雪松的神圣感。古埃及人在制作木乃伊时，就用到了雪松分泌的油脂，打造棺木和船桅时，也用雪松做木料。因为雪松散发的特殊香味可以令蚁虫等无法藏身，用它做建材再合适不过。北美洲的人用它来治疗肺病、呼吸系统疾病和皮肤病。后米人们发现雪松可以解毒，把它加入药材中和其他草药一起应用。在藏药文化中，雪松被视作治疗尿道炎、阴道炎、结膜炎等多种炎症的药物。

雪松精油萃取了雪松的精华，颜色呈黄色，木质芳香轻缓而淡雅，给人稳定、沉着的感觉。其温和的特质让它在精油爱好者中被广泛使用，知名度也比较高。它可以消炎、杀菌、降压、止咳等。在芳香疗法中，雪松精油还可以舒缓紧张情绪，稳定人的心情。对于经常用脑的人来说，香薰机里加入几滴雪松精油，在它木质的芬芳中徜徉片刻简直是最大的享受。对于处在惊恐、悲伤中意志消沉的人来说，雪松精油能提供厚实的慰藉感，简直是一味心灵的补药。

因为雪松精油中富含雪松醇，特别容易让人放松下来，实验表明，使用其进行香薰或者沐浴，可以有效改善睡眠问题，缩短入睡时间，减少夜间醒来次数。

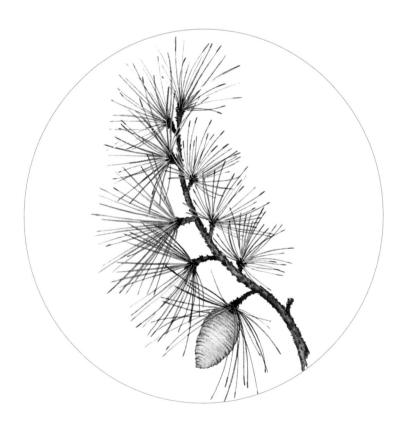

国医解读

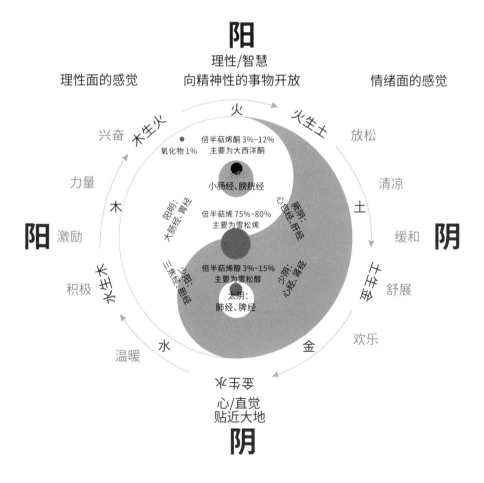

阳

理性/智慧
向精神性的事物开放

理性面的感觉

情绪面的感觉

火

兴奋   木生火   火生土   放松

力量   清凉

木   土

阳   激励   缓和   阴

积极   水生木   舒展

温暖   水   金   欢乐

水生木

心/直觉
贴近大地

阴

倍半萜烯酮 3%~12%
氧化物 1%   主要为大西洋酮

小肠经、膀胱经

倍半萜烯 75%~80%
主要为雪松烯

倍半萜烯醇 3%~15%
主要为雪松醇

厥阴：
心包经、肝经

阳明：
大肠经、胃经

少阴：
心经、肾经

太阴：
肺经、脾经

少阳：
三焦经、胆经

性味与归经：味甘、性平。归心、肺、膀胱经。

功效：

·心经：雪松入心经，具有舒缓情绪、镇静、安抚、消除焦虑的功效，适用于忧郁、悲伤、恐惧等。

·肺经：雪松入肺经，具有抗发炎、抗过敏、止痒、止痛、消解黏液、促进痰液排出的功效，适用于油性皮肤、痤疮、粉刺、湿疹、慢性支气管炎、黏膜炎、鼻窦炎等。

·膀胱经：雪松入膀胱经，具有促进身体排毒、抗炎、利尿的功效，适用于尿道炎、肾炎、外阴瘙痒、膀胱炎、血毒症等。

日常应用

使用方法：薰香、外用。

保存方法：置于深色玻璃瓶中常温保存，建议将玻璃瓶放在木盒中，以降低温度的波动。未开封的纯精油可以保存6年，已开封的最好于2年内用完，若已调和为按摩油，于3个月内用完效果最佳。

注意事项：雪松精油开封后极易氧化，会产生刺激皮肤的物质，因此在每次使用后一定要拧紧瓶盖。敏感肤质的人在使用时一定要注意剂量。孕妇禁用。

◎ 香薰用法

作用：抗菌、放松。

配方：雪松精油3滴、乳香精油3滴。

用法：将上述精油滴入香薰炉上的水盘中，插上电源，便可享受芬芳的香薰。

◎ 按摩用法

作用：通畅淋巴、改善橘皮组织。

配方：雪松精油5滴、葡萄柚精油3滴、甜杏仁油15 mL。

用法：将上述精油与甜杏仁油均匀混合成按摩油，取适量涂抹于有橘皮组织的地方并进行按摩。

◎ 配伍精油

柑橘类精油、木类精油，薰衣草、快乐鼠尾草、玫瑰、茉莉、迷迭香、依兰依兰等精油。

41 杜松精油

植物学名：*Juniperus rigida*

科　　属：柏科 Cupressaceae

加工方法：水蒸馏法

萃取部位：果实

主要成分：香柏木烯、香柏木醇

　　杜松虽然名字里有"松"，却是一种柏科植物，开黄色的花，结蓝黑色的圆形果实。果实成熟的秋天，人们会采摘类似蓝莓的一粒粒圆果；夏秋枝叶最茂盛的时候，会采伐它的枝叶，果实和枝叶经过晾晒风干，都可入药备用。

　　有人称杜松是"世界排毒大师"，在人类最早药用的植物中就有杜松。学者们在瑞士史前遗址里，发现了杜松果。它的杀菌和消毒功效简直贯穿人类历史，每次霍乱和伤寒病暴发时，人类几乎都会想到它。很久以前，人们就知道燃烧杜松等香料可以净化空气。

在有迹可循的典籍中，古希腊、欧洲中世纪都有传染病流行期间燃烧杜松来杀菌的记载。在我国西藏，人们也深知杜松杀菌的强悍效果，曾经用杜松来对抗高原中散播的可怕瘟疫。而在我国内蒙古，孕妇在生产时，人们会用杜松来助产。大概是对伤口有消毒杀菌、促进愈合的功效，在古凯尔特语里，杜松就是"咬伤"的意思。无独有偶，15世纪至16世纪的草药学者均盛赞杜松，认为它除了可以有效预防传染病之外，还可以医治咬伤。

除了生理的排毒外，杜松也可以给心灵"驱除毒素"。应用于芳香疗法的杜松精油，可以排除情绪干扰，制造祥和清净的心灵世界。另外杜松也可以排除皮肤和血液中的毒素，淡化斑痕，净化肝脏，令人看起来更加年轻。只是过量或者过长时间使用，可能会刺激肾脏，因此不建议肾功能不好的人使用杜松。

国医解读

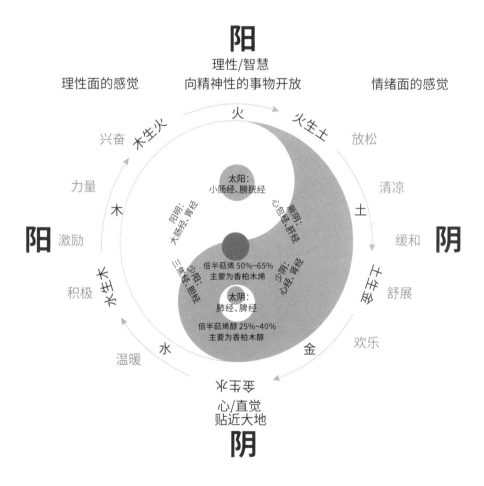

阳
理性/智慧
向精神性的事物开放

理性面的感觉

情绪面的感觉

阳

阴

兴奋　木生火　火　火生土　放松

力量　　　　　　　　　　清凉

木　　　　　　　　　土

激励　　　　　　　　缓和

太阳：
小肠经、膀胱经

阳阴：
大肠经、胃经

厥阴：
心包经、肝经

三焦经、胆经

少阴：
心经、肾经

倍半萜烯 50%~65%
主要为香柏木烯

太阴：
肺经、脾经

倍半萜烯醇 25%~40%
主要为香柏木醇

积极　　　　　　　　舒展

水生木　　　　　　金　欢乐

温暖　水　水生火

心/直觉
贴近大地

阴

性味与归经：味辛、性温。归肝、肾、肺经。

功效：

·肝经：杜松入肝经，具有排毒、强化肝功能的功效，适用于反胃呕吐、胀气、消化不良、肝硬化等。

·肾经：杜松入肾经，具有利尿、促进肾脏毒素排出，治疗生殖泌尿感染的功效，适用于膀胱炎、尿急痛、肾结石、尿酸过多等，有利于肾脏排毒。

·肺经：杜松入肺经，具有促进淋巴液流动、调节荷尔蒙的作用，适用于油性皮肤、色斑、蜂窝组织炎、粉刺、肥胖等。

日常应用

使用方法：香薰、外用，稀释使用。

保存方法：置于深色玻璃瓶中常温保存，建议将玻璃瓶放在木盒中，以降低温度的波动。未开封的纯精油可以保存 6 年，已开封的最好于 2 年内用完，若已调和为按摩油，于 3 个月内用完效果最佳。

注意事项：高等级的杜松精油一般没有刺激性，如果使用时掺杂其他精油可能会出现刺激反应，因此要谨慎地确认混合了哪些精油，是否会令自己过敏。需要注意的是，如果杜松精油掺杂了其他精油,那么患有肾脏疾病的人就不要使用,因为有可能引起肾中毒。孕妇禁用。

◎ 香薰用法

作用:净化空气、安抚情绪。

配方:杜松精油1滴、牛至精油1滴、薰衣草精油1滴。

用法:将上述精油滴入香薰炉上的水盘中,插上电源,便可享受芬芳的香薰。

◎ 泡浴用法

作用:促进淋巴循环、加强代谢、排毒塑身。

配方:杜松精油2滴、葡萄柚精油3滴、茴香精油2滴。

用法:将上述精油倒入浴缸中,搅散后泡浴,时间以10~15分钟为宜。

◎ 配伍精油

薰衣草、天竺葵、玫瑰、佛手柑、葡萄柚、柠檬、橙花、乳香、檀香、雪松、丝柏等精油。

42 丝柏精油

植物学名：*Cupressus sempervirens*

科　　属：柏科 Cupressaceae

加工方法：水蒸馏法

萃取部位：叶、果

主要成分：α-蒎烯、莰烯

　　丝柏是一种身形高大的树木，木质坚实，整体树形呈圆锥形，树身笔直葱绿，周身散发着清新洁净的香气。这种树木不易腐朽，四季常青，拉丁名 Sempervirens，意为"永生"。这是人们通过丝柏表达突破死亡对人生束缚的渴望，也是对生之希望的礼赞。正因这一寓意，丝柏经常被古人用来打造棺木、雕刻神像，并种植在墓园周围。克里特人曾用它来造船和盖房子，而阿拉伯人和埃及人都用它来建造棺木。

　　丝柏精油是取它的果实和叶子经过蒸馏后提取而成的，呈无色或者是淡黄色，气味温和，给人一种树木的稳定感，好像与大地深深连接后体会到的踏实和安全感。同时又有琥珀的清新香气，闻之仿佛身处清晨茂密高大的森林中，阳光、露珠和洁净的空气扑面而来，从而洗去心中的杂念，心灵犹如重生一般。《本草纲目》中记载的丝柏功效是，它能深入脏腑和经络，活化血脉、驱除邪热和风湿，达到畅通气血、消除阻塞的效果。另外，它还具极强的收敛功效，古人常用来消除水肿、治疗痔疮。古埃及的药典中就特别指出，丝柏可以治疗痔疮出血、膀胱炎。

丝柏精油的香气中充满了木质的阳刚之感，也经常用来做男性须后水和古龙水的添加成分。在芳香疗法中，它所到之处可以营造出一片森林的氛围感，帮助情绪不稳定和心情低落的人放松心情。因为含有单萜烯，它也能调理肌肤，改善人体血液循环，让身体充满盎然生机。

国医解读

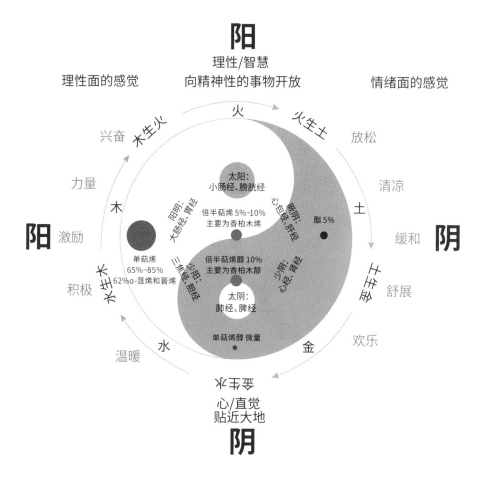

性味与归经：味苦、性寒。归肺、肾、脾经。

功效：

· 肺经：丝柏入肺经，具有杀菌、抗发炎、止痒、抗过敏、收缩血管、纾解痉挛的功效，适用于橘皮组织、皮肤瘙痒、支气管痉挛、咳嗽、气喘等。

· 肾经：丝柏入肾经，具有调节卵巢功能、调节月经周期的功效，适用于痛经、经前症候群、更年期综合征、静脉曲张等。

· 脾经：丝柏入脾经，具有促进淋巴循环、预防体液潴留等功效，适用于水肿、牙龈出血、胆囊疼痛、风湿性关节炎等。

日常应用

使用方法：外用，稀释使用。

保存方法：置于深色玻璃瓶中常温保存，建议将玻璃瓶放在木盒中，以降低温度的波动。未开封的纯精油可以保存 6 年，已开封的最好于 2 年内用完，若已调和为按摩油，于 3 个月内用完效果最佳。

注意事项：丝柏精油有调节月经的作用，妇女妊娠期禁用。

◎ 按摩用法

作用：保湿、美白。

配方：丝柏精油 1 滴、玫瑰精油 1 滴、野橘精油 2 滴、分馏椰子油 20 mL。

用法：将上述精油与分馏椰子油均匀混合成按摩油，取适量涂抹于脸部并轻柔按摩。

◎ 足浴用法

作用：抑制汗臭、杀菌、放松足部。

配方：丝柏精油 3 滴、柠檬精油 2 滴、甜杏仁油 10 mL。

用法：将上述精油与甜杏仁油均匀混合成按摩油，取适量涂抹足部并稍做按摩，再入热水中浸泡。

◎ 配伍精油

木类精油、柑橘类精油，快乐鼠尾草、薰衣草、玫瑰、迷迭香、尤加利、杜松等精油。

43 柠檬香茅精油

植物学名：*Cymbopogon citratus*

科　　属：禾本科 Poaceae

加工方法：水蒸馏法

萃取部位：叶

主要成分：柠檬醛、柠檬烯

　　柠檬香茅是一种草本植物，通体散发柠檬的香味，茎和叶子富含挥发油，所以又叫柠檬草、香茅草。柠檬香茅原产于印度一带，热带亚洲地区也有广泛地种植。热带地区蚊虫、害虫较多，人们很早就发现柠檬香茅有驱虫的作用，所以在栽培其他植物时留出间隙，种上些柠檬香茅，可有效地保护植株不受害虫侵犯，就好比用了天然驱虫剂。此外，人们还发现它可以祛风除湿、消毒消肿等，具有生活在热带地区的人们所需的各种药效。而且其清凉的芳香还能让人们在高温气候中提振精神、消除疲劳。柠檬香茅富含柠檬醛，是化妆品、食品、清洁剂等很重要的添加成分。著名的泰国料理所散发的那种清爽的香味就来自柠檬香茅的点缀。

柠檬香茅精油具有非常强烈的青草味，萃取自新鲜或者半干的柠檬香茅草，据说提取完精油的茅草，还可以当饲料喂牲畜。因为强劲的杀菌能力，柠檬香茅精油在洗发精、香皂、香水等日用品制造业中广受欢迎。

在居家和公共聚集场所喷洒这款精油，除了能消除异味外，还能有效防止病菌的传播，防止交叉感染。如果家里养了宠物，在它的洗澡水中滴入柠檬香茅精油，宠物就会得到很好的呵护。

柠檬香茅精油除了散发着柠檬香、柠檬草香之外，还有一股泥土的芬芳。在情绪低落时，柠檬香茅精油的天然功效与独特芬芳，可安抚失落的心情，令人逐渐恢复平静。

国医解读

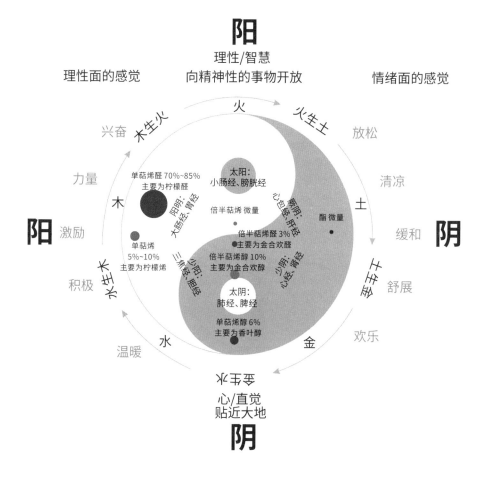

性味与归经：味辛、性温。归大肠、小肠、膀胱、脾、胃经。

功效：

· 大肠、小肠、膀胱经：柠檬香茅入大肠、小肠、膀胱经，具有抗菌、解毒、利尿和调节油脂分泌的功效，适用于霍乱、急性胃肠炎、慢性腹泻、水肿、血液循环不畅等。

· 脾、胃经：柠檬香茅入脾、胃经，具有健脾健胃和祛除胃肠胀气、止痛的功效，适用于胃痛、腹痛、消化不良等。

日常应用

使用方法：香薰、外用。

保存方法：置于深色玻璃瓶中常温保存，建议将玻璃瓶放在木盒中，以降低温度的波动。未开封的纯精油可以保存6年，已开封的最好于2年内用完，若已调和为按摩油，于3个月内用完效果最佳。

注意事项：柠檬香茅精油气味强烈，会刺激敏感性皮肤，请使用0.5%以下浓度的基础油（椰子油、荷荷巴油等）稀释精油或调和精油。

◎ 香薰用法

作用：驱蚊、驱虫。

配方：柠檬香茅精油2滴、艾蒿精油1滴、薰衣草精油1滴。

用法：将上述精油滴入香薰炉上的水盘中，插上电源，便可享受芬芳的香薰。

◎ 按摩用法

作用：缓解肌肉疼痛、放松身体。

配方：柠檬香茅精油2滴、姜精油2滴、分馏椰子油10 mL。

用法：将上述精油和分馏椰子油均匀混合成按摩油，取适量涂抹于肌肉、关节疼痛的部位，敷上热毛巾并轻轻按摩。

◎ 配伍精油

罗勒、黑胡椒、芫荽籽、小茴香、姜、柠檬、马郁兰、薰衣草、天竺葵、迷迭香、百里香、丝柏、岩兰草等精油。

44 岩兰草精油

植物学名：*Vetiveria zizanioides*

科　　属：禾本科 Poaceae

加工方法：水蒸馏法

萃取部位：根

主要成分：岩兰草醇、岩兰草烯

　　岩兰草是禾本科的草类，多生长在热带地区，如印度、海地共和国、印度尼西亚共和国等，又叫香根。它最与众不同的部分在于根部，根部扎得深且有香气。岩兰草精油就是提取自其根部，而且根越老萃取出的精油品质越高，香气也越浓。岩兰草精油虽是草类精油，其香气却有着树脂类精油的特点，厚实沉着、后劲强劲，且有泥土的气息，时间越久越是浓烈，能给人带来稳定感。

　　在印度人眼里，岩兰草精油是"镇定之油"。在加尔各答，当地人经常用岩兰草编成帐篷，用来遮雨或者遮阳。被雨水淋过之后，帐篷会散发出一股幽香，闻之令人气定神闲。爪哇岛的原住民也用它编席子、盖屋顶。由于岩兰草在萃取精油时很难与水分离，出油量少，价格偏高，所以显得弥足珍贵。第一次世界大战以前，爪哇人将大量岩兰草根运到欧洲，以供提炼精油，由于海运困难重重，之后便开始在当地蒸馏加工，提炼出的精油叫"阿卡·汪奇"。在我国，人们认为岩兰草的精华在根部，根乃万事万物的根本，有稳定和聚敛之意。而这与芳疗界对岩兰草功效的研究不谋而合，它确实有稳定心神、强化个人能量的作用。

国医解读

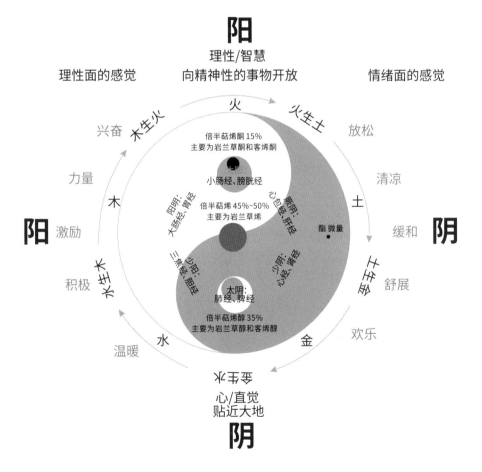

阳
理性/智慧
向精神性的事物开放

理性面的感觉

情绪面的感觉

火

木生火

火生土

兴奋

放松

力量

木

清凉

阳

激励

土

阴

积极

缓和

水生木

舒展

水

金

欢乐

温暖

阴

心/直觉
贴近大地

阴

倍半萜烯酮 15%
主要为岩兰草酮和客烯酮

小肠经、膀胱经

倍半萜烯 45%~50%
主要为岩兰草烯

酯 微量

太阴:
肺经、脾经

倍半萜烯醇 35%
主要为岩兰草醇和客烯醇

性味与归经：味微苦、性寒。归心、心包、肾、肺经。

功效：

・心、心包经：岩兰草入心、心包经，具有安抚狂躁情绪、平衡、安神的功效，适用于精神疲惫、注意力不集中、紧张、失眠、忧郁、恐惧症、神经性肌肉酸痛等。

・肾经：岩兰草入肾经，具有平衡荷尔蒙、激励免疫系统的功效，用于调理月经、缓解经前综合征等。

・肺经：岩兰草入肺经，具有抗细菌、抗真菌、抗发炎、温和化痰的功效，对皮肤还有抗过敏、止痒、促进细胞再生的功效，适用于免疫力低下、过敏、皮肤老化、痤疮、白斑病等。

日常应用

使用方法：香薰、外用，稀释使用。

保存方法：置于深色玻璃瓶中常温保存，建议将玻璃瓶放在木盒中，以降低温度的波动。未开封的纯精油可以保存 6 年，已开封的最好于 2 年内用完，若已调和为按摩油，于 3 个月内用完效果最佳。

注意事项：岩兰草精油一般不会刺激皮肤，但因其气味强烈，使用前仍需进行皮肤测试。

◎ 香薰用法

作用：安抚、镇静。

配方：岩兰草精油2滴、薰衣草精油1滴、佛手柑精油1滴。

用法：将上述精油滴入香薰炉上的水盘中，插上电源，便可享受芬芳的香薰。

◎ 泡浴用法

作用：减轻肌肉或关节疼痛、释放压力。

配方：岩兰草精油3滴、薰衣草精油2滴、罗马洋甘菊精油2滴。

用法：将上述精油倒入浴缸热水中，搅散后泡浴，时间以10~15分钟为宜。

◎ 配伍精油

快乐鼠尾草、薰衣草、洋甘菊、佛手柑、马郁兰、橙花、苦橙叶、檀香、丝柏等精油。

45 生姜精油

植物学名： *Zingiber officinallis*

科　　属： 姜科 Zingiberaceae

加工方法： 水蒸馏法

萃取部位： 根茎

主要成分： 姜烯、莰烯

　　生姜作为调料用于烹饪的历史悠久，中国人、日本人、印度人早就熟知生姜的特性，将它作为一种传统食材食用，我国更是产姜大国。但是生姜保鲜期短，储藏困难，只使用原姜或者是将其加工成姜粉，会大大影响生姜的利用率。如果将生姜中的有用物质提取出来，制作成精油，结果就完全不同了。

　　罗马人曾用生姜制作成一种眼药，据说可以治疗白内障。中世纪时期，人们也用生姜抵抗过鼠疫的侵袭。

　　在我国，生姜除了是厨房中常见的香料以外，也是药房中常见的药材，具有化痰强心、祛湿除寒、消炎化瘀，尤其具有暖胃的功效，将生姜制成姜茶，给患有胃寒的病人服用效果最佳。在我国，人们还发现，用生姜根煮水，给患有头风病的人洗头效果也非常好。生姜也可促进头发再生，缓解多种头皮问题。现在很多洗发水和护发制剂中都加入了生姜成分。我国有一句俗谚，叫"冬吃萝卜，夏吃姜"，炎炎夏季，是各种胃肠道疾病多发的季节，根据个人体质和情况适量吃一些生姜，可起到养护肠胃的作用。

生姜虽然可以直接吃，但生姜精油却不可以直接用在皮肤上，必须经过稀释后使用。因为生姜精油有一定的刺激性，所以在使用之前，特别是敏感肌肤，最好先做过敏测试。

国医解读

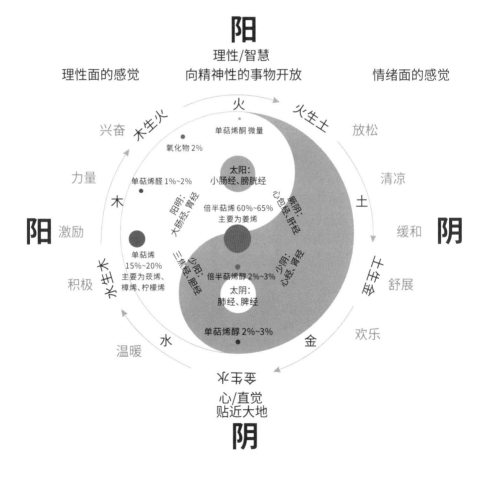

阳
理性/智慧
向精神性的事物开放

理性面的感觉

情绪面的感觉

火

兴奋　木生火　火　火生土　放松

单萜烯酮 微量
氧化物 2%

太阳：
小肠经、膀胱经

力量

清凉

单萜烯醛 1%~2%

阳阴：胃经
大肠经、

木

厥阴：
心包经、肝经

倍半萜烯 60%~65%
主要为姜烯

土

阳

激励

三焦经、胆经

少阳：

少阴：
心经、肾经

缓和

阴

单萜烯
15%~20%
主要为莰烯、
樟烯、柠檬烯

倍半萜烯醇 2%~3%

太阴：
肺经、脾经

金生土

积极

水生木

舒展

单萜烯醇 2%~3%

水

金

欢乐

温暖

金生水

心/直觉
贴近大地

阴

性味与归经：味辛、性温。归肺、肾、膀胱、脾、胃经。

功效：

· 肺经：生姜入肺经，具有抗发炎、抗病毒、排痰、止痛的功效，可改善心肌供血不足，预防感冒，治疗头痛、痰饮等。

· 肾、膀胱经：生姜入肾、膀胱经，具有促进生殖系统循环、利尿的功效，适用于宫寒、月经不调、盆腔疼痛、性疲劳等。

· 脾、胃经：生姜入脾、胃经，具有暖胃、开胃、消胀气、促消化的功效，适用于晕车、晕船造成的反胃、头痛，以及孕妇恶心、呕吐等。

日常应用

使用方法：外用。

保存方法：置于深色玻璃瓶中常温保存，建议将玻璃瓶放在木盒中，以降低温度的波动。未开封的纯精油可以保存6年，已开封的最好于2年内用完，若已调和为按摩油，于3个月内用完效果最佳。

注意事项：生姜精油有轻微的光敏性，且对皮肤具有一定的刺激性，使用之前要先做过敏测试。

◎ 沐浴用法

作用：改善手脚冰冷。

配方：生姜精油 5~8 滴。

用法：先将上述精油滴入有热水的浴盆或桶中，水温 40 ℃左右为宜，搅散后再进行足浴或手浴，时间以 15~20 分钟为宜。

◎ 漱口用法

作用：减轻牙痛、杀菌消炎。

配方：生姜精油 1 滴、丁香精油 1 滴。

用法：将上述精油滴入热水中搅散，漱口即可。

◎ 涂抹用法

作用：缓解晕车、晕船等症。

配方：生姜精油 3 滴、薄荷精油 4 滴、分馏椰子油 20 mL。

用法：将上述精油与分馏椰子油混匀成按摩油，在搭车、乘船、坐飞机前适量涂抹于胸口、胃部即可。

◎ 配伍精油

柑橘类精油，肉桂、芫荽籽、小茴香、广藿香、薄荷、丁香、黑胡椒、雪松、檀香等精油。

46 小豆蔻精油

植物学名：*Elettaria cardamomum*

科　　属：姜科 Zingiberaceae

加工方法：水蒸馏法

萃取部位：种子

主要成分：1,8- 桉叶素、乙酸萜品烯酯

　　小豆蔻属于姜科，是一种类似于芦苇的多年生植物，原产于印度和斯里兰卡，从前多为野生，现在也有人工培植的。小豆蔻精油是从豆蔻的种子中提取的，甜味中带着辛辣，呈淡黄色，油质清澈。

　　很久以前，埃及人就发现咀嚼小豆蔻可以令口气清新，还可以美白牙齿。他们曾将小豆蔻制成香水，美化居家环境。罗马人则发现一旦因为饮食过度而导致腹胀、胃痛、恶心等症状时，只要吃点小豆蔻，就可以缓解上述症状，令胃部舒服起来，于是小豆蔻便成了罗马人助消化的良药。阿拉伯人喜爱饮用咖啡，而豆蔻具有浓

浓的香味，加入咖啡中可令咖啡香味更加浓醇，于是他们大量种植豆蔻这种植物。在亚洲，豆蔻的使用历史更是长久。印度人不仅在烹饪时会用到豆蔻，还会将它当作药材，用来治疗消化系统、泌尿系统方面的疾病，以及治疗痔疮和黄疸。在中欧，人们在烹调时也普遍会使用豆蔻，因为它的味道可以很好地掩盖大蒜刺激的气味。1544 年，豆蔻精油问世，从此，这种植物的精华在人类的生产、生活中起到了更多的作用。

豆蔻精油在缓解压力、放松情绪方面效果显著，对人体的消化道疾病尤其有效，是胃痛患者的福音。此外，很多人也用它来缓解更年期的诸多不适。当感觉呼吸不畅、身体疲倦、精神虚弱时，将几滴小豆蔻精油加入香薰仪或加湿器，可以快速提振精神、恢复体力。还有实验表明，豆蔻精油在改善性冷淡等方面有独特的功效。

国医解读

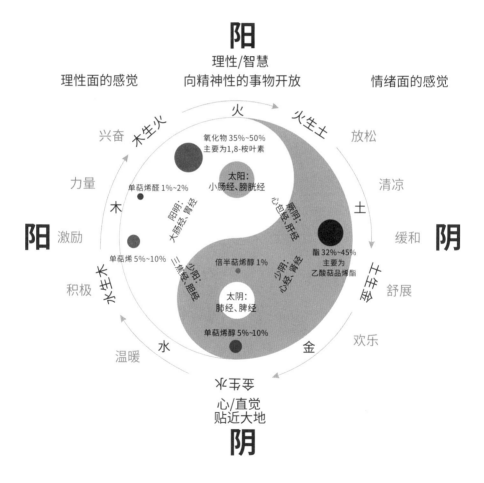

性味与归经：味涩、辛，性温。归心、心包、脾、胃、大肠、胆、肺、肾经。

功效：

· 心、心包经：豆蔻入心、心包经，具有激励、温暖、平衡的功效，能使人朝气蓬勃、精力充沛、自信、舒缓压力等。

· 脾、胃、大肠、胆经：豆蔻入脾、胃、大肠、胆经，具有补气虚和减轻疼痛的功效，适用于消化不良、恶心和呕吐、胃寒等。

· 肺经：豆蔻入肺经，具有缓解咳嗽、支气管炎，化痰的功效。

· 肾经：豆蔻入肾经，具有补肾壮阳的功效，适用于肾阳虚者，可以用来治疗肾阳虚引起的尿频尿急、腰膝酸软等症状。

日常应用

使用方法：香薰、外用。

保存方法：置于深色玻璃瓶中常温保存，建议将玻璃瓶放在木盒中，以降低温度的波动。未开封的纯精油可以保存6年，已开封的最好于2年内用完，若已调和为按摩油，于3个月内用完效果最佳。

注意事项：小豆蔻精油具有一定的刺激性，高血压、神经性疼痛等患者应小心使用。另外，因豆蔻主要针对因肾阳虚导致的疾病，肾阴虚者尽量不要使用，无法判断自身情况的肾病患者请在医生指导下使用。孕妇禁用。

◎ 香薰用法

作用：抗菌、除异味、促进新陈代谢、营造欢愉氛围。

配方：小豆蔻精油 2 滴、依兰依兰精油 2 滴、天竺葵精油 1 滴。

用法：将上述精油滴入香薰炉上的水盘中，插上电源，便可享受芬芳的香薰。

◎ 烹调用法

作用：增加食物风味、养护消化道。

配方：小豆蔻精油 2~3 滴。

用法：做甜点或是饮品时，加入少许豆蔻精油。

◎ 配伍精油

月桂、肉桂、黑胡椒、广藿香、芫荽籽、小茴香、姜、柠檬草、快乐鼠尾草、天竺葵、山鸡椒、柠檬、柑橘、檀香、依兰依兰等精油。

47 莪术精油

植物学名：*Curcuma phaeocaulis* Valeton

科　　属：姜科 Zingiberaceae

加工方法：水蒸馏法

萃取部位：根茎

主要成分：莪术呋喃烯酮、吉马酮

　　莪术是我国传统的中药，多生在山野半阴湿的土壤中。《本草纲目》《博济方》《医学启源》《开宝本草》等著作中多次提到它的功效，可清除血瘀、消肿止痛，特别是对妇科血滞经闭和痛经的疗效非常显著。另外在腹胀腹痛、跌打损伤等方面也很有疗效。

　　植物莪术的茎和根部含有挥发油，可经过蒸馏提取出精油。莪术精油集中了草药的效力，功能更加强劲。随着现在科学研究的深入，人们发现了莪术越来越多的效用，并应用于不同领域。人体这台精密的仪器与自然界有着天然的联系，人好比行走在大地上的植物。在天父地母的抚育下，植物与人类同根同源，植物体内隐含着修复人体的密码，善用和巧用植物精油需要智慧，更需要不断地学习和尝试。就拿莪术来说，虽然功效强大，但是有所禁忌。因为它能排淤，所以孕妇是禁止使用的，且经期血量大的女性也要慎用。

国医解读

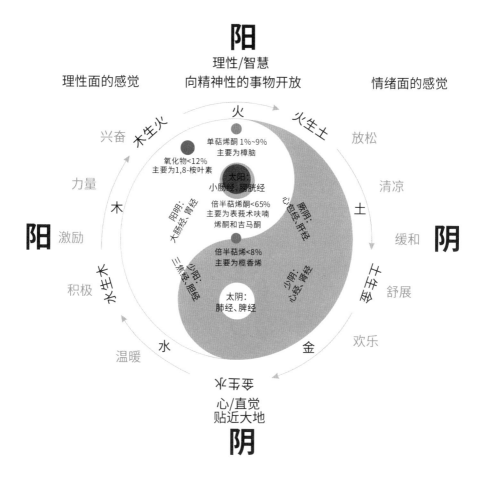

性味与归经：味辛、苦，性温。归肝、大肠、小肠、膀胱经。

功效：

·肝、大肠、小肠经：莪术入肝、大肠、小肠经，具有行气破瘀、消积止痛的功效，适用于肠胃炎、腹泻、胃溃疡、食积腹痛等。

·膀胱经：莪术入膀胱经，具有调节内皮素及血栓素的功效，适用于泌尿系统感染、尿急、尿频、小便涩痛、发热恶寒等。

日常应用

使用方法：外用。

保存方法：置于深色玻璃瓶中常温保存，建议将玻璃瓶放在木盒中，以降低温度的波动。未开封的纯精油可以保存6年，已开封的最好于2年内用完，若已调和为按摩油，于3个月内用完效果最佳。

注意事项：孕妇及月经过多者禁用。使用前需进行皮肤测试。稀释使用。

◎ 按摩用法

作用：行气解郁、消积止痛。

配方：莪术精油3滴、野橘精油2滴、小麦胚芽油20 mL。

用法：将上述精油和小麦胚芽油均匀混合成按摩油，取适量涂抹于腹部或相应部位并进行按摩，每日 2 次。

◎ 配伍精油

生姜、黑胡椒、广藿香、当归、薰衣草、天竺葵、野橘、乳香、檀香等精油。

48 茉莉精油

植物学名：*Jasminum sambac*

科　　属：木犀科 Dleaceae

加工方法：溶剂萃取法

萃取部位：花朵

主要成分：苯甲酸苯甲酯、乙酸苯甲酯

茉莉是多年生常绿灌木，原产于亚洲，是一种花香馥郁的植物。茉莉有"花中国王"的美誉，芳姿中摇曳着高雅和圣洁的东方气息。它的花香浓烈而持久，是很多高级香水中的定香剂。

茉莉的英文名源自波斯语。在我国，人们将茉莉制成茶，称赞其是"人间第一香"。印度尼西亚人则喜欢将茉莉花制成装饰品。明代"药圣"李时珍说茉莉可以取其液，做面脂、头油，以生发润肤。

茉莉精油萃取自它的花朵，被称为"精油之王"，是精油家族中声势显赫的"贵族"。茉莉精油非常难得，有经验的人往往选择在花香最浓郁的夜间采摘花朵并进行萃取，为避免光线反射到花朵上，采摘人会身穿黑色衣服进行手工采摘。就是这么难得的茉莉花，800万朵才能萃取出1 kg精油，而且萃取工艺也是相当复杂。再加上它的功效，一滴上等的茉莉精油堪比一粒黄金。

茉莉精油对女性和男性均具有良好的保养效果。分娩中的女性特别需要它的照顾，因为它的挥发性物质可以缓解宫缩痛，甚至在产后也可以协助女性恢复身体，特别是可预防产后抑郁症。对男性来说，茉莉可以改善前列腺肥大，改善性功能等。在芳香界，它也是芳疗师眼中宝石级别的一款精油。因为昂贵和稀有，市面上充斥着很多假冒的茉莉精油，使用者需谨慎选购。

国医解读

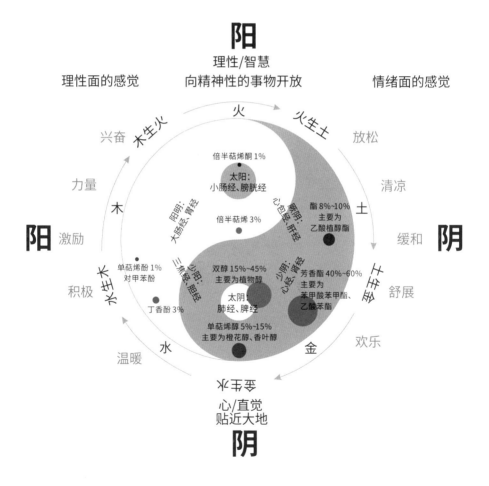

性味与归经：味辛、甘，性温。归心、胃、肾、肺、肝经。

功效：

· 心经：茉莉入心经，具有平衡、稳定的功效，可平复情绪、减轻压力、安神、镇静、缓解紧张情绪等。

· 胃经：茉莉入胃经，具有行气开郁、温中和胃的功效，可以缓解胸腹的胀痛、下痢里急后重等症状，对慢性胃病、肠胃不适等具有一定的治疗效果。

· 肾经：茉莉入肾经，对于女性来说，可用于提升生殖系统功能，适用于痛经、经期子宫痉挛等；对于男性来说，可缓解因为情绪低落、压力引起的性欲低下，适用于前列腺肥大等。

· 肺经：茉莉入肺经，具有润肤、养颜、排毒的功效，可缓解呼吸道痉挛、咳嗽等，也可治疗目赤疮疡、皮肤溃烂等炎症。

· 肝经：茉莉入肝经，可用于排肝毒，缓解肝炎、肝硬化等。

日常应用

使用方法：香薰、外用，稀释使用。

保存方法：置于深色玻璃瓶中常温保存，建议将玻璃瓶放在木盒中，以降低温度的波动。未开封的纯精油可以保存 6 年，已开封的最好于 2 年内用完，若已调和为按摩油，于 3 个月内用完效果最佳。

注意事项：茉莉精油一般不具有刺激性，但在妊娠期禁用，而分娩中则可以助产。剂量使用过大会干扰内分泌系统，因此要低剂量稀释使用。

◎ 香薰用法

作用：愉悦气氛、营造浪漫。

配方：茉莉精油2滴、玫瑰精油1滴、野橘精油1滴。

用法：将上述精油滴入香薰炉上的水盘中，插上电源，便可享受芬芳的香薰。

◎ 泡浴用法

作用：缓解疲劳、释放压力。

配方：茉莉精油3滴、依兰依兰精油3滴、甜橙精油3滴。

用法：将上述精油倒入浴缸热水中，搅散后泡浴，时间以为10~15分钟为宜。

◎ 配伍精油

柑橘类精油、花香类精油，快乐鼠尾草、洋甘菊、薰衣草、迷迭香、广藿香、玫瑰、依兰依兰、杜松、雪松、岩兰草等精油。

49 依兰依兰精油

植物学名：*Cananga odorata*

科　　属：番荔枝科 Annonaceae

加工方法：水蒸馏法

萃取部位：花朵

主要成分：大根老鹳草烯、β - 丁香油烃

　　依兰依兰精油是用水蒸馏法提炼自依兰依兰树的花朵，由于花朵有粉色、蓝紫色、黄色等颜色，所以萃取出的精油颜色也不一样，其中以黄色花朵萃取出的淡黄色精油为最佳。菲律宾的依兰依兰精油被公认为是全世界最好的。1900 年以前，菲律宾就在世界上独占了依兰依兰的贸易。

　　依兰依兰树主要产自东南亚地区。在马来西亚，这种植物香气浓郁但不刺激，很像夜来香，而且花香持久，闻之会令人舒适与放松，它被当地人称为"花中之王"。欧洲人来到东南亚时，发现这种植

物的花香和水仙很接近，便用它制作香水和发油，其又有"香水树"之称。依兰依兰树开花的时候，花朵非常像摇曳在风中的皇冠，带着高贵与脱俗的气质，再加上其特有的香气和功效，人们也称它为"东方的王冠"。

在印度尼西亚地区，人们会将依兰依兰树的花瓣撒在新婚夫妇的床上，他们认为依兰依兰花香迷人，可以营造浪漫氛围。在我国海南地区，当地的妇女们都知道用椰子油调和依兰依兰精油来养护头发，欧洲人也将依兰依兰精油加入发油中，它的滋润和保养效果真的很不一般。

依兰依兰对妇科问题有一定的疗效，可调理经前不适、性欲冷淡，最关键的是可以保养子宫，被誉为"子宫的补药"；如果用来保养乳房，还可以令乳房坚挺而富有弹性。在芳香疗法中，它可以缓解人们焦虑不安的情绪，令人感到放松和心情愉悦。

国医解读

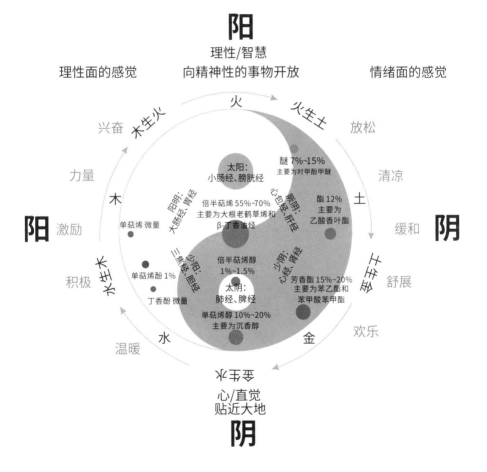

性味与归经：味甘、辛，性温。归心、心包、脾、肺、肾经。

功效：

·心、心包经：依兰依兰入心、心包经，具有极佳的平衡功效，可愉悦心灵，适用于情绪低落、精神萎靡等。

·脾经：依兰依兰入脾经，具有疏肝理气的功效，适用于胀气、腹部绞痛、便秘、消化不良等。

·肺经：依兰依兰入肺经，具有平衡油脂分泌、收缩毛孔、淡化细纹、保养滋润发丝的功效。

·肾经：依兰依兰入肾经，能促进人体内荷尔蒙的分泌，可提升生殖系统功能，改善性冷淡，作为子宫之补药等。

日常应用

使用方法：香薰、外用。

保存方法：置于深色玻璃瓶中常温保存，建议将玻璃瓶放在木盒中，以降低温度的波动。未开封的纯精油可以保存6年，已开封的最好于2年内用完，若已调和为按摩油，于3个月内用完效果最佳。

注意事项：依兰依兰精油长期过度使用或者是高剂量使用，会导致头痛和呕吐，并且要尽量避开发炎的伤口和湿疹。

◎ 香薰用法

作用：舒缓、促进睡眠。

配方：依兰依兰精油 1 滴、薰衣草精油 3 滴、檀香精油 1 滴。

用法：将上述精油滴入香薰炉上的水盘中，插上电源，便可享受芬芳的香薰。

◎ 泡浴用法

作用：愉悦身心、舒缓情绪。

配方：依兰依兰精油 3 滴、葡萄柚精油 3 滴。

用法：将上述精油倒入浴缸热水中，搅散后泡浴，时间以 10~15 分钟为宜。

◎ 配伍精油

天竺葵、薰衣草、茉莉、玫瑰、快乐鼠尾草、迷迭香、花梨木、广藿香、葡萄柚、甜橙、檀香等精油。

50 马鞭草精油

植物学名：*Verbena officinalis*

科　　属：马鞭草科 Verbenaceae

加工方法：水蒸馏法

萃取部位：枝叶

主要成分：柠檬醛、柠檬烯

　　马鞭草是多年生草本植物，多生长在原野上，蓝紫色的穗状花序点缀在卵形叶子间煞是可爱，观之让人心情舒畅。更让人陶醉的是，它的叶片能散发出一种强烈的类似柠檬的香气，所以它又被称为"柠檬马鞭草"，或者"防臭木""香水木"。

　　为了美化庭院，18 世纪的英国花园中多种植这种植物，欧洲人还会把它调成饮料和烈酒。在南美洲，人们每每举办宴会，都会在洗指碗（一种餐具）里加入马鞭草叶，让那浓郁的香气为宴会增添氛围。同时它也是西班牙和法国人最喜欢的花草茶之一，被当地人誉为"花草茶女王"。除了作为饮品之外,马鞭草还被研成粉末掺入甜点、酱汁等食物里,颇受美食家欢迎。

西方文化中,马鞭草总是笼罩着一层神秘面纱。它常被用来装饰宗教祭坛,或放在病人床头。在欧洲,马鞭草常出现在宗教庆祝活动中,化身成和平的象征。

萃取自马鞭草枝叶的精油出油量特别低,因此价格非常昂贵。另外,它抗菌消炎、利消化等显著功效也是造成"一油难求"的原因。法国一些家庭在睡前或者饭后大都会饮用马鞭草饮品,以此改善睡眠、帮助消化。值得提醒的是,马鞭草精油具有一定的光敏性,使用时应慎重。

国医解读

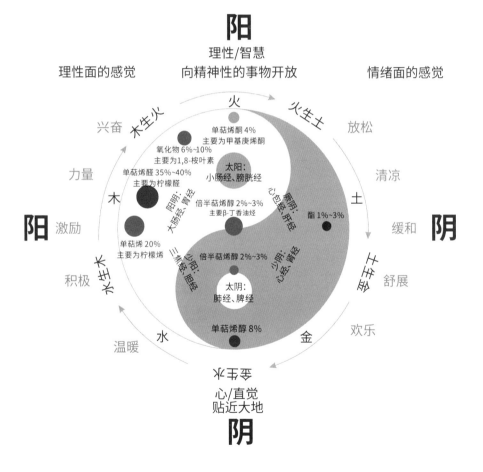

阳

理性/智慧
向精神性的事物开放

理性面的感觉

情绪面的感觉

兴奋

木生火

火

火生土

放松

单萜烯酮 4%
主要为甲基庚烯酮

氧化物 6%~10%
主要为1,8-桉叶素

太阳:
小肠经、膀胱经

清凉

力量

单萜烯醛 35%~40%
主要为柠檬醛

土

木

阳阴:
大肠经、胃经

倍半萜烯醇 2%~3%
主要β-丁香油烃

心包经、肝经

酯 1%~3%

阳

激励

缓和

阴

单萜烯 20%
主要为柠檬烯

三焦经、胆经

倍半萜烯醇 2%~3%

心经、肾经

太阴:
肺经、脾经

土生金

舒展

积极

水生木

欢乐

温暖

水

单萜烯醇 8%

金

水生火

心/直觉
贴近大地

阴

性味与归经：味辛、微苦，性凉。归心、肺、肝、脾经。

功效：

· 心经：马鞭草入心经，对自主神经系统有调节作用，具有恢复精神、提高专注力、鼓舞情绪的功效，适用于失眠、冬季忧郁症、心因性心律不齐等。

· 肺经：马鞭草入肺经，具有抗病毒、抗细菌、抗发炎、刺激免疫系统等功效。

· 肝、脾经：马鞭草入肝、脾经，具有清热解毒、活血散瘀、利水消肿的功效，适用于急性肝炎、慢性肝炎、肝硬化、腹水、痛经、闭经等。

日常应用

使用方法：香薰，稀释使用。

保存方法：置于深色玻璃瓶中常温保存，建议将玻璃瓶放在木盒中，以降低温度的波动。未开封的纯精油可以保存 6 年，已开封的最好于 2 年内用完，若已调和为按摩油，于 3 个月内用完效果最佳。

注意事项：马鞭草精油具有光敏性，尽量不要用在容易暴露的皮肤上。

◎ 香薰用法

作用：通肠理气。

配方：马鞭草精油1滴、藿香精油1滴、薄荷精油2滴。

用法：将上述精油滴入香薰炉上的水盘中，插上电源，便可享受芬芳的香薰。

作用：减压、舒眠。

配方：马鞭草精油3滴、薰衣草精油3滴。

用法：将上述精油滴入香薰炉上的水盘中，插上电源，便可享受芬芳的香薰。

作用：释放压力、放松心灵。

配方：马鞭草精油3滴、佛手柑精油3滴、柠檬精油3滴。

用法：将上述精油装入随身瓶中，在需要时直接嗅闻其芳香气味，也可滴在纸巾上嗅闻。

◎ 配伍精油

罗勒、洋甘菊、薰衣草、天竺葵、迷迭香、玫瑰、依兰依兰、佛手柑、柠檬、橙花、丝柏、乳香等精油。

51 黑胡椒精油

植物学名：*Piper nigrum*

科　　属：胡椒科 Piperaceae

加工方法：水蒸馏法

萃取部位：果实

主要成分：柠檬烯、蒎烯

现在提起黑胡椒，热衷美食的人一定不会陌生，它是传统烹饪中离不开的一款香料。黑胡椒原产于印度，以辛辣、奇香的味道著称。东南亚人除了将它作为烹饪佐料以外，也认识到了它的药用价值，可通窍、祛风、预防感冒。在印度和欧洲之间的贸易中，黑胡椒长期占据重要地位，甚至可以作为货币直接交换其他商品，它在当时被叫作"黑色的黄金"。

再往前追溯，古希腊、古罗马时代，人们将黑胡椒作为贡品献给王室。古埃及法老拉美西斯二世死后，鼻孔里塞有黑胡椒果实，后世考古学家在他的木乃伊中发现了这个秘密。但是黑胡椒是怎样从亚洲运到埃及的，至今还是一个谜。中世纪的热那亚和威尼斯人将黑胡椒的贸易垄断在手，新的远东航线就是在这种背景下被迫开辟的。土耳其人曾经用它来缴税，荷兰、法国、葡萄牙甚至因远东贸易中黑胡椒的利润分赃不均而大打出手。世界的香料贸易排行榜上，黑胡椒一直占据前几名的位置，这个世界闻名的香料提炼出的精油其珍贵程度也可想而知。

黑胡椒精油具有强烈的辛辣味，虽是液体，却具有火的属性，但这丝毫不影响人们对它的热衷。现代科学已经证实，黑胡椒精油中含有大量对健康有益的成分，可抗癌、排毒、缓解疼痛、帮助消化等。最新的研究表明，它还能缓解烟瘾带来的焦虑情绪，可以协助戒烟。而它最常用的功能是强劲的抗菌性，可短时间内激活白细胞，从而形成防护，提高免疫力，抵抗病毒入侵。

值得注意的是，黑胡椒精油具有强烈的刺激性，所以在使用前一定要记得稀释。

国医解读

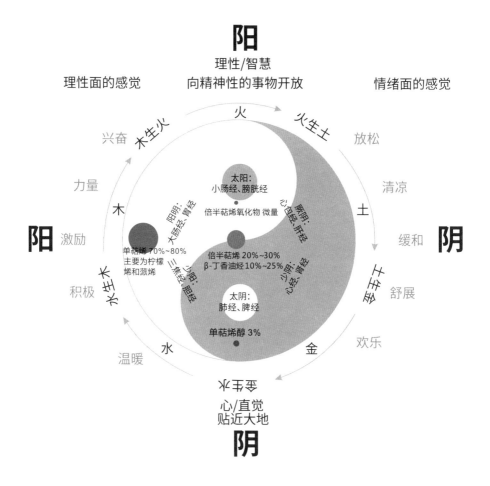

性味与归经：味辛、性温。归肺、脾、胃、大肠、小肠、三焦、膀胱经。

功效：

· 肺经：黑胡椒入肺经，具有抗炎、促进血液循环、温热、止痛等功效，适用于发烧、咳嗽、流感、扁桃体红肿、咽炎等，还能提高皮肤新陈代谢的能力、护肤等。

· 脾、胃、大肠、小肠经：黑胡椒入脾、胃、大肠、小肠经，具有温胃散寒、下气行滞的功效，适用于脾胃虚寒引起的腹痛、泄泻、脘腹冷痛、呕吐、反胃及食欲不振等。

· 三焦经：黑胡椒入三焦经，具有行气止痛的功效，能加速体内血液循环、温暖身体，适用于肌肉僵硬疼痛、骨骼肌发紧、风湿性关节炎等。

· 膀胱经：黑胡椒入膀胱经，具有利尿等功效，能缓解腰痛，治疗经前症候群、更年期综合征等。

日常应用

使用方法：香薰、外用。

保存方法：置于深色玻璃瓶中常温保存，建议将玻璃瓶放在木盒中，以降低温度的波动。未开封的纯精油可以保存6年，已开封的最好于 2 年内用完，若已调和为按摩油，于 3 个月内用完效果最佳。

注意事项：黑胡椒精油过量使用会损伤肾脏，对皮肤有刺激性。需要稀释使用。

◎ 香薰用法

作用：增进食欲、促进新陈代谢。

配方：黑胡椒精油 2 滴、柠檬精油 2 滴、生姜精油 1 滴。

用法：将上述精油滴入香薰炉上的水盘中，插上电源，便可享受芬芳的香薰。

◎ 按摩用法

作用：改善消化不良、帮助胃肠蠕动、帮助排气。

配方：黑胡椒精油 3 滴、迷迭香精油 2 滴、甜杏仁油 15 mL。

用法：将上述精油和甜杏仁油均匀混合成按摩油，取适量涂抹于胃部并进行按摩。

◎ 足浴用法

作用：促进血液循环、消除水肿、解除疲劳。

配方：黑胡椒精油 3 滴、茴香精油 2 滴、甜杏仁油 10 mL。

用法：将上述精油和甜杏仁油混合均匀，倒入足浴盆的热水中，水温 37℃~38℃为宜，然后浸泡双足并加以按摩。

◎ 配伍精油

豆蔻、肉桂、生姜、柠檬、佛手柑、葡萄柚、天竺葵、薰衣草、迷迭香、橙花、檀香等精油。

52 天竺葵精油

植物学名：*Pelargonium species*

科　　属：牻牛儿苗科 Geraniaceae

加工方法：水蒸馏法

萃取部位：叶、茎

主要成分：香茅醇、香叶醇

天竺葵是伞形花序腋生，多花，因此也被叫作"洋绣球"，原产于非洲南部，现在世界各地都有种植。天竺葵精油（用于精油提取的叫作香叶天竺葵，并不作为观赏）呈黄绿色，气味和玫瑰精油相似，也因此常被用来冒充玫瑰精油。但天竺葵精油有自己的特点，它虽然没有玫瑰精油那么柔美而显得中性，但这一特质让它能与很多精油混合使用，不仅扩大了它的使用范围，也扩展了它的疗效。

很久以前，人们就发现了天竺葵的药用价值，经常用它来治疗霍乱，涂抹伤口，甚至在骨折时也会想到天竺葵。法国人在 19 世纪，就开始生产天竺葵精油并进行销售了。如今，法国的留尼汪岛上依然种植着大量的天竺葵，这座岛也成为举世闻名的芳香小岛。

天竺葵精油一般不会导致过敏，是一款安全性较高的精油，在应对皮肤问题上，它堪称"全能"，从深层清理到收缩毛孔，再到消炎杀菌、应对皮炎湿疹等，效果都十分显著。洗脚水中滴入几滴天竺葵精油，还可以驱除臭味。在美容和皮肤护理中，天竺葵精油是必不可少的，它也是很多女性中意的一款保养精油。

在芳香疗法中，天竺葵精油经常被用来做整体治疗，不但可以调节生理，还可作为情绪的调节剂。实践证明，它对人体荷尔蒙分泌有非常好的平衡作用，可以缓解焦虑情绪，减轻疲劳感，混合其他精油使用，更是能获得多种疗效。

国医解读

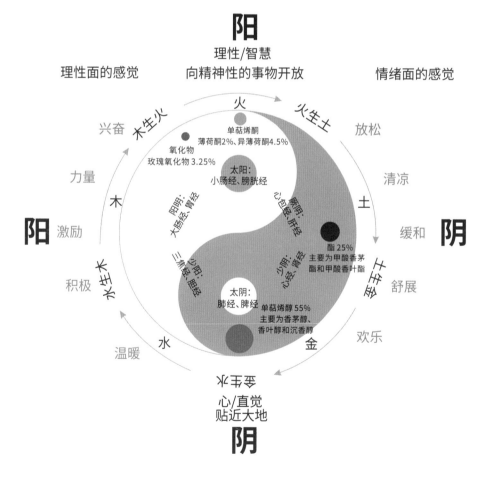

性味与归经：味甘、微苦，性微寒。归心、肺、肾、肝、胆经。

功效：

·心经：天竺葵入心经，具有舒缓身心，调节情志的功效，能平衡情绪，令人放松和自信。

·肺经：天竺葵入肺经，具有滋养和紧致肌肤、增加皮肤弹性、减少色斑、治疗痤疮、平衡油脂分泌、收敛毛孔等功效。

·肾经：天竺葵入肾经，具有祛除人体内的湿毒、利尿、调理气血、滋养肾阴、平衡荷尔蒙系统等功效，用于改善经前症候群、更年期综合征等，适用于月经不调、月经血量过多、肾结石等。

·肝、胆经：天竺葵入肝、胆经，具有净化黏膜组织、刺激淋巴系统的功效，可帮助肝、胆排毒，适用于胆结石、胆囊炎、黄疸、尿道感染等。

日常应用

使用方法：香薰、外用。

保存方法：置于深色玻璃瓶中常温保存，建议将玻璃瓶放在木盒中，以降低温度的波动。未开封的纯精油可以保存6年，已开封的最好于2年内用完，若已调和为按摩油，于3个月内用完效果最佳。

注意事项：天竺葵精油具有调节荷尔蒙分泌的效果，但要稀释使用。孕妇禁用。

◎ 香薰用法

作用：愉悦身心、振奋精神。

配方：天竺葵精油 3 滴 、野橘精油 1 滴。

用法：将上述精油滴入香薰炉上的水盘，插上电源，便可享受芬芳的香薰。

◎ 按摩用法

作用：改善经前不适、稳定情绪。

配方：天竺葵精油 2 滴、罗马洋甘菊精油 2 滴、丝柏精油 2 滴、甜杏仁油 10 mL。

用法：将上述精油和甜杏仁油均匀混合成按摩油，于经前 10 天每日取适量涂抹于下腹部并轻轻按摩。

◎ 日常皮肤保养用法

作用：平衡油脂分泌、紧致肌肤。

配方：天竺葵精油 2 滴、玫瑰精油 2 滴、迷迭香精油 1 滴、荷荷巴油 10 mL。

用法：将上述精油和荷荷巴油均匀混合，每日早晚洁面后涂抹于面部和颈部，轻轻按摩使之吸收。

◎ 配伍精油

柑橘类精油，薰衣草、玫瑰、迷迭香、薄荷、快乐鼠尾草、檀香、乳香、花梨木、雪松等精油。

53 冬青精油

植物学名：*Gaultheria procumbens*

科　　属：杜鹃花科 Ericaceae

加工方法：水蒸馏法

萃取部位：嫩枝

主要成分：水杨酸甲酯

　　冬青是一种芳香的多年生草本植物，原生于北美和加拿大地区的松树林、森林和林间空地。它的叶片辛辣芬芳，花朵雪白，会结出浆果般的红色果实，因此，冬青又有"加拿大茶莓"之称。萃取冬青精华而成的精油蕴含着非常强大的自然能量，它的疗愈能力超乎人的想象。市面上医治跌打损伤的药膏里多含有叫作水杨酸甲酯的化学成分，具有止痛的效果。在天然植物里，含有甲基水杨酸的只有两种植物——冬青和桦木，而冬青精油里甲基水杨酸的含量在80% 以上，足以证明冬青是大自然对人类的馈赠。冬青精油的止痛和消炎效果非常强大,因此它对风湿和关节炎也有很好的缓解作用。除此之外,它还可以加速皮肤愈合,对消除肌肉疲劳也有显著功效。冬青的味道清新,闻上去是一股浓浓的薄荷糖香味,它的挥发性也非常强,因此每次使用后,都应及时拧好盖子。

除了药用,在人类历史上,冬青也曾经被印第安人用作调味剂,这一传统一直沿用至今。啤酒、牙膏、口香糖等很多东西里都加入了冬青,它以清冽爽朗的味道带给人别样的快感,令人思绪清晰,精神振奋。拥有一款冬青精油,是很多喜爱精油的人梦寐以求的事。但是冬青精油有一定的刺激性,对于敏感肌肤来说要谨慎使用,最好先做皮肤测试,并在专业人士的指导下使用。

在医疗领域,冬青精油除了可以缓解疼痛、消除炎症之外,还具有促进血液循环的功效,比如在泡脚的时候,加入适量冬青精油,可以舒筋活血,还可以治疗脚气。冬青精油的提振效果还可以给晕车人士在出行时提供帮助。如果你曾经因为晕车害怕远行,不妨在行李中准备一瓶冬青精油,通过嗅吸可有效缓解晕车带来的不良反应,让你尽情享受旅途的乐趣。

国医解读

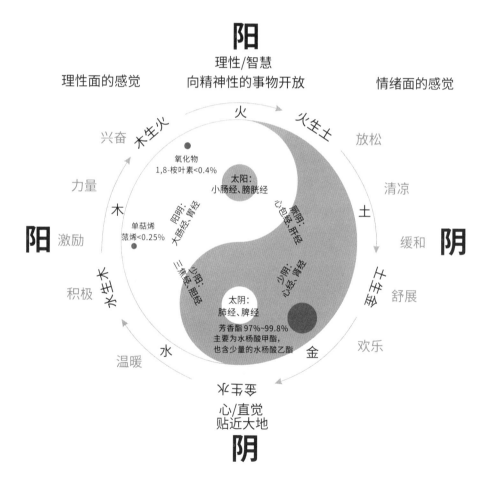

性味与归经：味甘、苦，性凉。归肾、肺、膀胱经。

功效：

·肾经：冬青入肾经，具有补肾、凉血、止血、通经络的功效，适用于风湿痹痛、腰膝酸软、关节炎等。

·肺经：冬青入肺经，具有止痛、抗发炎、抗痉挛、消毒、改善局部血液循环的功效，适用于橘皮组织、皮肤瘙痒、冻疱、痤疮、粉刺、湿疹等。

·膀胱经：冬青入膀胱经，具有利尿、加速排毒的功效，适用于尿道炎、膀胱感染等。

日常应用

使用方法：香薰、外用。

保存方法：置于深色玻璃瓶中常温保存，建议将玻璃瓶放在木盒中，以降低温度的波动。未开封的纯精油可以保存6年，已开封的最好于2年内用完，若已调和为按摩油，于3个月内用完效果最佳。

注意事项：稀释使用，使用前做过敏测试。孕妇和癫痫患者禁用。

◎ 香薰用法

作用：解郁、放松神经。

配方：冬青精油 3 滴 、尤加利精油 1 滴。

用法：将上述精油滴入香薰炉上的水盘中，插上电源，便可享受芬芳的香薰。

◎ 按摩用法

作用：消除瘀青、减轻肌肉关节、神经疼痛。

配方：冬青精油 3 滴、生姜精油 3 滴、甜杏仁油 15 mL。

用法：将上述精油与甜杏仁油均匀混合成按摩油，取适量涂抹于肌肉关节疼痛部位并进行按摩。

◎ 配伍精油

生姜、杜松、迷迭香、尤加利、柠檬、薰衣草、乳香、檀香、雪松等精油。

54 檀香精油

植物学名：*Santalum album*

科　　属：檀香科 Santalaceae

加工方法：水蒸馏法

萃取部位：木质

主要成分：檀香醇、檀香烯

　　檀香是一种常绿小乔木，发源于太平洋岛屿，主产区在印度。人们自古就钟爱檀香，称它为"黄金之树"，这种植物浑身上下都是宝贝，的确价比黄金。檀香树的芯材入药，堪称名贵的药材。根和树干可以提炼精油，其精油被誉为"液体黄金"，就连修剪下来的枝条都可以做成香薰制品或者用来雕刻，深受人们喜爱。很少有一种植物像檀香那样，从头到尾都有可观的经济价值，加上产地有限，世界上的檀香木更是物以稀为贵。檀香精油萃取自树龄在 30 年以上的檀香树，印度当地政府为了保护这种树种，已明确规定每年定量砍伐。

　　檀香自古便是高贵和神圣的象征。许多殿宇的神像都是用檀香雕刻而成的，很多宗教仪式也有焚烧檀香的传统。埃及人不惜重金进口檀香焚烧用以祭祀，印度人将它调成一种药粉，用来治疗脓肿、皮肤炎等疾病，还用它来发汗退烧。在我国文化中，檀香更是尊贵、吉祥的象征。自古，皇族和达官显贵就有使用檀香家具和摆饰的传统。由于需求量大，檀香从古至今都比较紧俏，檀香精油更是供不应求。

　　檀香精油在生理上可以缓解生殖泌尿系统等方面的多种病痛，并可刺激免疫系统，杀菌消毒，预防感染。在皮肤护理上，它能促进细胞再生，有效平复疤痕，改善干燥肤质，十分保养肌肤。在芳香疗法中，它可以缓解紧张情绪，制造安定祥和的氛围，镇定效果显著。热爱瑜伽和冥想的人习惯使用檀香，认为其可以帮助他们快速放松，进入心神集中的状态。

国医解读

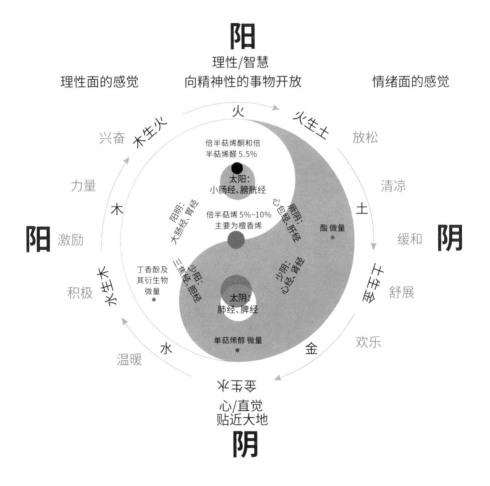

阳
理性/智慧
向精神性的事物开放

理性面的感觉

情绪面的感觉

阳 　　　　　　　　　　　　　　　　　　　**阴**

火

火生土

木生火　　　　兴奋　　　　　　　　　　放松

力量　　　　　　　　　　　　　　　清凉

木

阳阴:
大肠经、胃经

太阳:
小肠经、膀胱经

倍半萜烯酮和倍
半萜烯醛 5.5%

厥阴:
心包经、肝经

酯 微量

土

激励　　　　　　　　　　　　　　　　　缓和

倍半萜烯 5%~10%
主要为檀香烯

金生水

积极　　水生木　　　　少阳:
三焦经、胆经

丁香酚及
其衍生物
微量

少阴:
心经、肾经

舒展

太阴:
肺经、脾经

水

单萜烯醇 微量

金

欢乐

温暖

金生水

心/直觉
贴近大地

阴

性味与归经：味辛、性温。归心、肺、肾经。

功效：

· 心经：檀香入心经，具有通经络、提高新陈代谢，促进淋巴液流动的功效，可用于提神。

· 肺经：檀香入肺经，具有抗菌、抗炎的功效，适用于呼吸道感染，能治疗干咳、久咳和支气管炎等。

· 肾经：檀香入肾经，具有调节荷尔蒙分泌、护理生殖系统的功效，适用于性冷淡、经前症候群等。

日常应用

使用方法：香薰、外用。

保存方法：置于深色玻璃瓶中常温保存，建议将玻璃瓶放在木盒中，以降低温度的波动。未开封的纯精油可以保存6年，已开封的最好于2年内用完，若已调和为按摩油，于3个月内用完效果最佳。

注意事项：稀释使用，使用前应做过敏测试。孕妇及哺乳期妇女禁用。

◎ 香薰用法

作用：舒缓、抗疲劳。

配方：檀香精油 1 滴、薰衣草精油 3 滴、佛手柑精油 1 滴。

用法：将上述精油滴入香薰炉上的水盘中，插上电源，便可享受芬芳的香薰。

◎ 泡浴用法

作用：协助治疗泌尿系统方面的疾病。

配方：檀香精油 3 滴、玫瑰精油 3 滴、安息香精油 2 滴。

用法：将上述精油滴入装有热水的浴缸中，搅散后泡浴，时间以 10~15 分钟为宜。

◎ 按摩用法

作用：促进细胞活力新生、防止细纹产生、缓解肌肤干燥状况。

配方：檀香精油 3 滴、乳香精油 3 滴、玫瑰草精油 3 滴、荷荷巴油 10 mL。

用法：将上述精油与荷荷巴油混合均匀成按摩油，在清洁脸部后，取适量涂抹于脸部和颈部，适度按摩即可。

◎ 配伍精油

薰衣草、天竺葵、玫瑰、茉莉、橙花、佛手柑、丝柏、杜松、依兰依兰、没药、乳香、雪松、安息香、岩兰草等精油。

55 大蒜精油

植物学名：*Allium sativum*

科　　属：百合科 Liliaceae

加工方法：水蒸馏法

萃取部位：根茎

主要成分：二烯丙基二硫醚、甲基烯丙基硫醚

　　大蒜最早产于亚洲，可做食材调料，也可入药。作为食药两用的植物，大蒜和人类的关系可谓源远流长。

　　《本草纲目》中记载，在遥远的上古时代，黄帝在一次登山途中误食了有毒食物，导致头晕腹泻、四肢乏力，使用多种解药也不见好转，觉得自己大限已到。正在挣扎的时候，发现草丛中生长着一种很奇怪的草，拔起一棵发现它有椭圆形的根茎，用力揉搓根茎，会散发出刺鼻的臭味，用舌舔舐，味道辛辣，但是鲜嫩多汁，莹白可爱。黄帝决心尝试此物。在吞下几棵这样的野草根茎后，过了一两个时辰，

奇迹发生了，他身上的毒居然得到了缓解。于是黄帝将这种野草带回去交给族人栽培，后来人们发现它不仅可以解毒，还可以加入食蔬里做调味剂。这就是今天的大蒜。

据科学研究证实，大蒜含有 100 余种药用成分，药用和保健价值是众多蔬菜中首屈一指的。其中含有蒜氨酸是它最大的亮点，这种物质进入血液时会成为大蒜素，即使稀释 10 万倍，也可以快速杀死多种病菌、病毒。

但也正是因为蒜氨酸这种成分，让大蒜周身散发出刺激性的臭味，令很多人避之不及，殊不知会因此错过一味良药。

大蒜精油更是强化了大蒜的这种刺激性，气味如熊熊火焰，生猛强烈。只需打开精油瓶的盖子，轻轻扇动瓶上的空气，让大蒜精油稍微挥发，空气中瞬间便可集结强效的杀菌因子，将感冒病毒驱散一空。

也由于大蒜精油的刺激性太强，很多人虽心向往之但依然只能远观，所以多将它制成大蒜精油胶囊使用。即便是在芳香疗法中，大蒜精油也较少用于按摩。值得注意的是，对易愤怒、脾气火暴的人来说，最好还是不要使用大蒜精油及其他制品，"火上浇油"肯定会让人难以承受。

国医解读

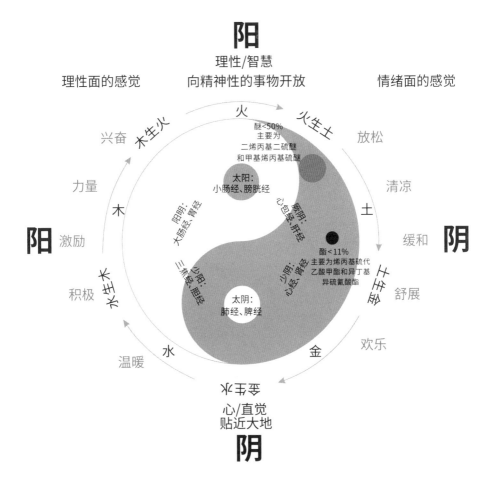

性味与归经：味辛、性温。归肝、心、心包、肾经。

功效：

· 肝经：大蒜入肝经，具有保肝的作用，适用于肝硬化、肝炎等。

· 心、心包经：大蒜入心、心包经，具有降血压、降血脂及抗动脉粥样硬化、抑制血小板聚集及溶栓的功效，能够预防和治疗心脑血管疾病等。

· 肾经：大蒜入肾经，具有刺激雄性激素分泌的功效，可补充肾脏所需物质，改善因肾气不足而引发的浑身无力等症状。

日常应用

使用方法：香薰，稀释使用。

保存方法：置于深色玻璃瓶中常温保存，建议将玻璃瓶放在木盒中，以降低温度的波动。未开封的纯精油可以保存 6 年，已开封的最好于 2 年内用完，若已调和为按摩油，于 3 个月内用完效果最佳。

注意事项：大蒜精油擦拭皮肤可能会造成刺激或灼伤。

◎ 香薰用法

作用：抗病毒、防治感冒。

配方：尤加利精油 2 滴、樟树精油 2 滴、大蒜精油 1 滴。

用法：将上述精油滴入香薰炉上的水盘中，插上电源，便可享
受芬芳的香薰。

◎ 配伍精油

柑橘类精油，罗勒、月桂、豆蔻、茴香、生姜、黑胡椒等精油。

56 桦木精油

植物学名：*Betula*

科　　属：桦木科 Betulaceae

加工方法：水蒸馏法

萃取部位：主干或主枝木材

主要成分：水杨酸甲酯

　　桦木生长于北半球，作为冰川退去后在这个星球上最早形成的树木之一，历史可谓悠久。桦木木质坚硬，可用于制造家具、地板、车船、纸浆，也可以做内部装饰材料等。也许是因其自身杀菌、杀毒的功效显著，所以桦木对病虫害有很强的免疫力。但是它遇湿易开裂，所以使用时要注意防潮。

　　在数千年的药用历史中，人们经常将桦木的叶子捣成汁液治疗口腔溃疡，也会制成漱口水，用来消炎止痛。制作成茶叶饮用则可以利尿，还能做成软药膏敷用，用以镇痛和促使伤口愈合，这可能和桦木的收敛功效有关。俄罗斯人发现桦木药用可以治疗风湿和关节痛，也可缓解皮肤感染带来的不适。他们将桦木成分加入肥皂和皮革的制造中，创造了不菲的经济效益。德国人则用桦木制造护发产品，有一款非常有名的"桦木之水"，其主要成分就是它。

　　桦木精油萃取自桦木的主干或主枝，水杨酸甲酯含量特别高。著名的抗生素阿司匹林的主要成分也是水杨酸甲酯，因此，桦木精油又被誉为天然抗生素。桦木精油净化功能很强劲，就像它粗犷豪迈的身姿，可强效刺激汗腺和淋巴排出毒素，给身体建立强大的保护屏障。另外，桦木精油在应对慢性皮肤病上也有奇效，特别是应对各种癣症。很少有一种树木在作为木材为人类所用的同时，又可用于烹饪和入药，而且疗效还那么广泛，桦木当之无愧是大自然赠予人类的珍宝。值得注意的是，它是一款强效精油，会产生刺激性，敏感肌肤人群和儿童在使用此种精油时，需要在专业人士指导下稀释使用。

国医解读

阳
理性/智慧
向精神性的事物开放

理性面的感觉

情绪面的感觉

阳

阴

兴奋　木生火　火　火生土　放松

力量

激励

积极

温暖

清凉

缓和

舒展

欢乐

木

水生木

水

火生水

阳阴：大肠经、胃经

三焦经、胆经

少阳：

太阳：
小肠经、膀胱经

厥阴：心包经、肝经

少阴：
心经、肾经

芳香酯 99%
主要为水杨酸甲酯

太阴：
肺经、脾经

土

金生土

金

心/直觉
贴近大地

阴

性味与归经：味苦、性平。归肾、脾经。

功效：

·肾经：桦木入肾经，具有抗发炎、行气止痛、化瘀的功效，适用于尿道炎、水肿湿疹、风湿、痛风、肥胖、肾结石、关节炎、肌腱炎、抽筋、骨骼疼痛、软骨损伤等。

·肺经：桦木入肺经，具有清除体内自由基、抗菌、抗衰的功效，可预防感冒、促进代谢、改善过敏性肤质等。

日常应用

使用方法：香薰，稀释使用。

保存方法：置于深色玻璃瓶中常温保存，建议将玻璃瓶放在木盒中，以降低温度的波动。未开封的纯精油可以保存6年，已开封的最好于2年内用完，若已调和为按摩油，于3个月内用完效果最佳。

注意事项：桦木精油会刺激敏感肌肤，使用前应做过敏测试。稀释使用。

◎ 香薰用法

作用：提振精神、抚慰心灵、净化空气。

配方：桦木精油3滴、雪松精油1滴、佛手柑精油1滴。

用法：将上述精油滴入香薰炉上的水盘中，插上电源，便可享受芬芳的香薰。

◎ 配伍精油

木类精油、柑橘类精油，薰衣草、白千层、百里香等精油。

57 紫罗兰精油

植物学名：*Viola odorata*

科　　属：堇菜科 Violaceae

加工方法：水蒸馏法

萃取部位：花、叶

主要成分：紫罗兰酮、壬基二烯醛

　　紫罗兰的故乡在南欧和地中海，如今，它的足迹已经遍布全世界，我国南方多地引进种植。传说中，爱神维纳斯与爱人依依惜别时流下了真挚的眼泪，那泪滴滑落泥土，第二年竟然开出一种美丽的蓝紫色花朵，人们称之为紫罗兰。这便是紫罗兰象征爱情的由来。据说在中世纪，德国南部的人们会耐心等待，每年摘取第一束盛开的紫罗兰花悬挂在船桅上，以此来迎接春天，祝福这个万物复苏的季节。

　　在古希腊，紫罗兰象征着富饶多产，雅典人还将它的形象绘制在旗帜和徽章上，克里特人则将紫罗兰与牛奶浸泡在一起保养皮肤。后来人们逐渐发现紫罗兰有镇痛效果，特别是用它的叶子热敷恶性肿瘤，可以明显降低疼痛感。逐渐地，紫罗兰还被引用到香水工业，流行于欧洲上流社会。

拿破仑独爱紫罗兰，甚至拿它作为拿破仑派的标志。1815年，拿破仑重回法国，鼓足士气计划重新称霸欧洲，他的崇拜者夹道欢迎，头上、身上戴满了紫罗兰，口中高呼："欢迎紫罗兰之父！"拿破仑死后，他随身的物品中发现两样东西，其中就有两朵枯萎的紫罗兰，那是他曾与妻子约瑟芬的定情信物。

紫罗兰精油采用蒸馏技术提取自紫罗兰的叶和花，气味有点像甘草，也有人觉得那是一股轻微的涩味。紫罗兰精油镇痛和安眠效果也是首屈一指，这让它成为众多芳疗师的宠儿。

国医解读

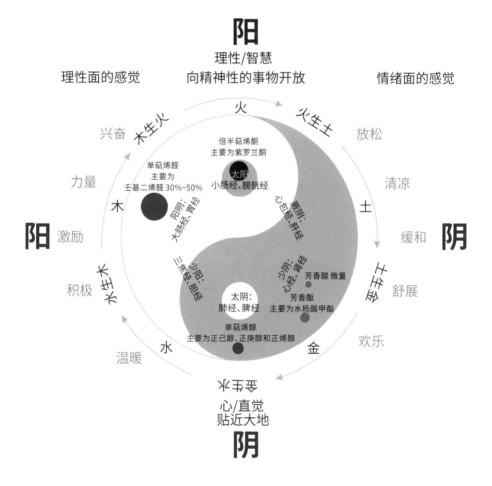

性味与归经：味辛、涩，性平。归肺、肝、大肠、小肠、膀胱、肾经。

功效：

·肺经：紫罗兰入肺经，具有强劲的抗菌功效，适用于各种伤口、瘀青、肿胀与发炎，也适用于过敏性咳嗽、喉咙发炎、声音嘶哑等。

·肝经：紫罗兰入肝经，具有帮助肝脏排毒、清除黄疸等功效，适用于因肝病导致的皮肤发黄、视物模糊等。

·大肠、小肠、膀胱经：紫罗兰入大肠、小肠、膀胱经，具有净化尿液的功效，有助于缓解膀胱炎，亦能轻泻、催吐、缓解消化不利等。

·肾经：紫罗兰入肾经，具有改善性冷淡、止痛的功效，适用于性冷淡、阳痿、风湿痛、纤维瘤、痛风等。

日常应用

使用方法：香薰、外用，稀释使用。

保存方法：置于深色玻璃瓶中常温保存，建议将玻璃瓶放在木盒中，以降低温度的波动。未开封的纯精油可以保存 6 年，已开封的最好于 2 年内用完，若已调和为按摩油，于 3 个月内用完效果最佳。

注意事项：紫罗兰精油有可能造成过敏，使用前应进行皮肤测试。

◎ 香薰用法

作用：镇静，安抚易怒、焦虑情绪。

配方：紫罗兰精油 2 滴、甜橙精油 2 滴、安息香精油 2 滴。

用法：将上述精油滴入香薰炉上的水盘中，插上电源，便可享受芬芳的香薰。

◎ 按摩用法

作用：烧伤修复。

配方：紫罗兰精油 2 滴、薰衣草精油滴、冬青精油 1 滴、罗马洋甘菊精油 2 滴、分馏椰子油 20 mL。

用法：将上述精油与分馏椰子油均匀混合成按摩油，取适量涂抹于不适部位并轻柔按摩。

◎ 配伍精油

花香类精油、柑橘类精油，薰衣草、迷迭香、天竺葵、安息香、洋甘菊、檀香、乳香、雪松等精油。

58 没药精油

植物学名：*Commiphora myrrha*

科　　属：橄榄科 Burseraceae

加工方法：水蒸馏法

萃取部位：树脂

主要成分：香樟烯、榄香烯

　　没药原产于阿拉伯、伊朗和东非一带，是一种橄榄科没药属的常绿乔木。这种植物一般生长在沙漠等干燥地带。人类使用没药的历史大概可以追溯到三四千年前。埃及人在冥想、祭祀、制作木乃伊和庆典时会用到它；希腊战士出征时也会随身携带没药精油，用于止血疗伤；古代的以色列地区，女子在觐见国王前 6 个月，就会用没药清洁身体。《本草纲目》中也记载了它止痛健胃、活血化瘀的功效。可见这种草药在人们心中的重要程度。

　　没药树长期在沙漠中生长，见惯了风沙和干旱，树干会随着环境的塑造长成扭曲的形状，为防止病菌感染，枝干会开裂，流出淡黄色的树脂。这些树脂风干后变成淡红色或者褐色的硬块，而珍贵的没药精油就是从这些核桃般大小的硬块中提取出来的。

没药的名字来自阿拉伯语 murr，包含"苦"的意思，这可能和精油散发出来的苦味有关。也有人说没药精油是"苦情"的精油，而苦尽才能甘来。

没药精油带着植物在风沙环境中磨砺出来的坚韧之力，将杀菌愈合的功能发挥到了极致。树木被割开流出来的树脂能够阻止树身被微生物感染，同样，萃取自树脂的精油也会令人体的皮肤形成强大的保护屏障，将细菌、病菌击退。对于已经受到感染的皮肤，它又会发挥杀菌和抗炎的功效，迅速消肿止痛，愈合伤口，令组织细胞再生。没药精油在治疗妇科感染方面也有一定的疗效，被称作"生殖系统的保护神"。

国医解读

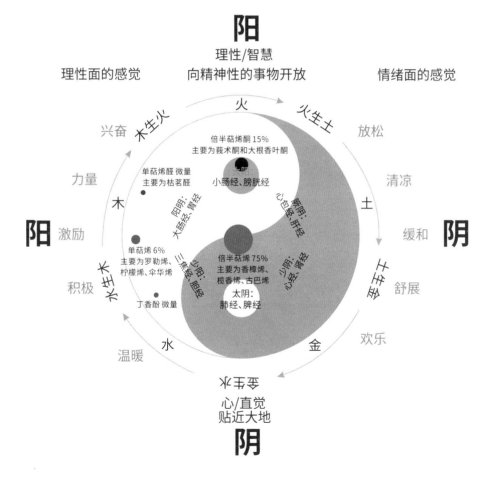

阳
理性/智慧
向精神性的事物开放

理性面的感觉　　　　　　　　　　　　　情绪面的感觉

阳　　　　　　　　　　　　　　　　　　　　　　**阴**

兴奋　　　木生火　　火　　火生土　　放松

力量　　　　　　　　　　　　　　　　　清凉

激励　　　木　　　　　　　　　　土　　缓和

积极　　水生木　　　　　　　　　　　舒展

温暖　　　水　　　　　　　金　　欢乐

倍半萜烯酮 15%
主要为莪术酮和大根香叶酮
小肠经、膀胱经

单萜烯醛 微量
主要为枯茗醛
阳明：大肠经、胃经

厥阴：心包经、肝经

单萜烯 6%
主要为罗勒烯、
柠檬烯、伞花烯
少阳：三焦经、胆经

倍半萜烯 75%
主要为香樟烯、
榄香烯、古巴烯
太阴：肺经、脾经

少阴：心经、肾经

丁香酚 微量

水生水

心/直觉
贴近大地

阴

性味与归经：味苦、性平。归心、心包、肺、肾、肝、脾、胆经。

功效：

· 心、心包经：没药入心、心包经，具有安神的功效，可治疗心理创伤、温和调理机体和启发灵感，还适用于心绞痛、静脉和血管曲张。

· 肺经：没药入肺经，具有抗菌、抗发炎、抗病毒、治疗伤口、促进细胞再生的功效，适用于口腔问题、咳嗽、咽喉炎、感冒，也可用于皮肤保养等。

· 肾经：没药入肾经，具有平衡荷尔蒙的功效，适用于经血量过少、痛经等。

· 肝、脾、胆经：没药入肝、脾、胆经，能增加肠胃蠕动，治疗消化不良、胀气和腹泻，也适用于脂肪肝、胆结石等。

日常应用

使用方法：外用。

保存方法：置于深色玻璃瓶中常温保存，建议将玻璃瓶放在木盒中，以降低温度的波动。未开封的纯精油可以保存6年以上，且香气随着时间的流逝更加圆润柔和。

注意事项：没药精油属于高价位精油，购买时要确定精油品质。没药精油一般比较安全、不具有刺激性，但以防万一，在使用前最好做皮肤测试。妇女妊娠期禁用，甲状腺功能亢进者禁用。

◎ 足浴用法

作用：杀菌，治疗脚气、脚痒、脱皮。

配方：没药精油 3 滴、橄榄油 10 mL。

用法：将没药精油与橄榄油混合均匀，取适量涂抹于足部，再泡入热水中，浸泡 10 分钟左右为宜。

◎ 漱口用法

作用：缓解喉咙痛、口腔发炎、牙龈肿痛。

配方：没药精油 1 滴、迷迭香精油 1 滴。

用法：将上述精油滴入温水中搅散，漱口即可。

◎ 坐浴用法

作用：治疗阴道、尿道瘙痒、感染。

配方：没药精油 2 滴、檀香精油 1 滴。

用法：将上述精油滴入温热的水中，坐浴 10 分钟即可。

◎ 配伍精油

薰衣草、天竺葵、迷迭香、芫荽籽、柠檬草、杜松、广藿香、丝柏、乳香、雪松、檀香等精油。

59 橙花精油 & 苦橙叶精油

植物学名：*Citrus aurantium bigarade*

科　　属：芸香科 Rutaceae

加工方法：水蒸馏法

萃取部位：花朵

主要成分：沉香醇、蒎烯

橙花精油提取自苦橙树的花瓣。苦橙树主要分布在法国南部、摩洛哥等地。精油的出油率和玫瑰差不多，大约 100 kg 才可蒸馏出 40 g 的精油，这就注定了橙花精油的价格比较昂贵。又加上橙花精油有类似于百合花的香气和绝佳的功效，就更奠定了它在精油家族中的显赫地位。

相传在 17 世纪的意大利，萝莉（Neroli）郡的郡主最喜欢橙花的香味。她经常用橙花进行香薰，然后参加社交活动，将这种芳香带到了意大利上流社会，并逐渐蔓延至欧洲名流之间，因此这种香味也被定义成"贵族香气"。橙花精油质地温柔，芳香细腻绵长，有人说它是"最体贴女人心思"的一款精油。的确，橙花精油的主要功效便是增加人的满足感和幸福感。对于那些深陷神经痛和头痛之苦的人们来说，橙花精油仿佛成了救命的稻草。

苦橙除了花可以提取精油外，叶子也是提取精油的上品。从苦橙叶中提取的精油就是苦橙叶精油。其味道以清新洁净著称，在芳香疗法中，也经常用来放松肌肉、缓解心跳过速，协助睡眠困难的人轻松入眠。据统计，在某些应用中，它的舒缓效果比橙花精油还要高。因为苦橙叶精油比橙花精油价格便宜，用途也更加广泛，所以近年来热度持续走高。

橙花精油和苦橙叶精油都是护肤佳品，都可深层清洁皮肤。橙花精油能让松弛的皮肤恢复弹性，也有杀菌抗炎的作用；苦橙叶精油在清理油腻、淡化瑕疵上效果明显，对粉刺和青春痘也有一定的的疗效。

值得一提的是，这两款精油都不具有光敏性，上班族也可以在白天大胆使用。

国医解读

橙花精油

阳

理性/智慧
理性面的感觉　　　向精神性的事物开放　　　情绪面的感觉

阳　　　　　　　　　　　　　　　　　　　　**阴**

兴奋　　木生火　　火　　火生土　　放松

力量　　　　　　　　　　　　　　　　　　　清凉

太阳:
小肠经、膀胱经

单萜烯醇2%~5%

大肠经、胃经　　阳明:

厥阴:
心包经、肝经

激励　　　　　　　　　　　　　　　　　　缓和

单萜烯20%~30%
主要为
蒎烯和柠檬烯　　　　　　　　　　　酯10%~18%
主要为
乙酸芳樟酯

少阴:
心经、肾经

积极　　　　　　　三焦经、胆经　　少阳:　　　　　舒展

太阴:
肺经、脾经

单萜烯醇35%~45%
主要为芳樟醇

温暖　　　　水　　　　　　　　金　　　欢乐

太阳寒水

心/直觉
贴近大地

阴

苦橙叶精油

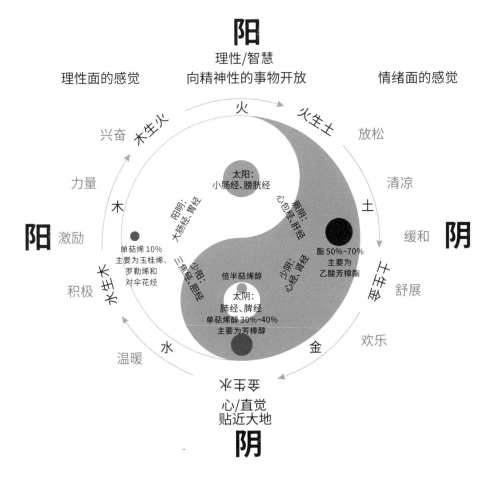

性味与归经：味甘、性凉。归心、心包、肝、脾、肺、小肠、膀胱经。

功效：

· 心、心包经：橙花入心、心包经，具有改善自主神经功能障碍的作用，有助于治疗失眠，缓解压力、忧郁、恐惧，协助疗愈心理创伤等。

· 肝、脾经：橙花入肝、脾经，具有疏肝解郁的功效，有助于缓解腹痛和痉挛。

· 肺经：橙花入肺经，可以有效地抗细菌、抗病毒、退烧，能够起到护肤、缓解皮肤瘙痒等作用。

· 小肠、膀胱经：橙花入小肠、膀胱经，具有改善肠胃不适、腹泻、静脉曲张的功效，还可在一定程度上消除妊娠纹、舒缓筋骨、放松肌肉等。

日常应用

橙花精油

使用方法：香薰、外用。

保存方法：置于深色玻璃瓶中常温保存，建议将玻璃瓶放在木盒中，以降低温度的波动。未开封的纯精油可以保存 6 年以上，且香气随着时间的流逝会更加圆润柔和。

注意事项：橙花精油十分珍贵，但不易买到纯正的高品质精油，所以在购买时一定要谨慎。橙花精油一般比较安全、不具有刺激性，但谨慎起见，使用前还是需要做皮肤测试。妇女妊娠期禁用。

◎ 香薰用法

作用：橙花精油的香味可以纾解压力，解决因副交感神经失调引起的失眠，减轻头痛、神经痛，对抗沮丧、焦虑，舒缓疲惫、心悸。

配方：橙花精油 2 滴、苦橙叶精油 2 滴、乳香精油 2 滴。

用法：将上述精油滴入香薰炉上的水盘中，插上电源，便可享受芬芳的香薰。

◎ 吸嗅用法

作用：赶走忧郁、沮丧，抚慰心灵。

配方：橙花精油 3 滴、佛手柑精油 3 滴、苦橙叶精油 3 滴。

用法：将上述精油滴入随身瓶中，需要时打开吸嗅即可。

◎ 按摩用法

作用：延缓皮肤衰老、预防妊娠纹。

配方：橙花精油 2 滴、花梨木精油 2 滴、天竺葵精油 3 滴、分馏椰子油 15 mL。

用法：将上述精油与分馏椰子油混合均匀成按摩油，取适量涂抹于脸部、颈部及腹部等需要保养的部位，并轻柔按摩。

◎ 泡浴用法

作用：缓解疲惫、解除压力、呵护肌肤。

配方：橙花精油 2 滴、德国洋甘菊 2 滴、薰衣草精油 2 滴、甜杏仁油 10 mL。

用法：将上述精油与甜杏仁油混合均匀后涂抹全身，再泡入温度适宜的水中，时间以 10~15 分钟为宜。

◎ 配伍精油

橙花精油可与各类花的精油配伍，和玫瑰、茉莉配伍的效果最好。也适合配伍柑橘类精油，快乐鼠尾草、芫荽籽、迷迭香、柠檬香茅、安息香、檀香、乳香、花梨木等精油。

苦橙叶精油

使用方法：外用。

保存方法：置于深色玻璃瓶中常温保存，建议将玻璃瓶放在木盒中，以降低温度的波动。未开封的纯精油可以保存 6 年以上，且香气随着时间的流逝更加圆润柔和。

注意事项：苦橙叶精油一般不具有刺激性，也不具光过敏反应，无特殊禁忌，但谨慎起见，使用前最好还是做皮肤测试。

◎ 直接嗅闻法

作用：安抚神经、改善低落情绪、缓解焦虑。

配方：苦橙叶精油 2~5 滴。

用法：直接闻一闻装在小瓶中的苦橙叶精油，或滴 2 滴在纸巾上携带，或是涂抹在双手手腕内侧。

◎ 按摩用法

作用：放松身心、解郁舒眠。

配方：苦橙叶精油 3 滴、岩兰草精油 1 滴、橙花精油 1 滴、甜杏仁油 20 mL。

用法：将上述精油与甜杏仁油均匀混合成按摩油，睡前取适量涂抹全身或背部等重点部位并进行按摩。

◎ 皮肤调理法

作用：平衡皮肤油脂分泌、祛痘。

配方：苦橙叶精油 3 滴、荷荷巴油 3 mL。

用法：将苦橙叶精油与荷荷巴油调和，取适量涂抹于脸上当作保养品，可每日涂抹。

◎ 配伍精油

柑橘类精油、花类精油，薰衣草、薄荷、迷迭香、岩兰草、丝柏、檀香、花梨木、乳香、雪松等精油。

60 冷杉精油

植物学名：*Abies fabri* (Mast.) Craib

科　　属：松科 Pinaceae

加工方法：水蒸馏法

萃取部位：针叶、枝

主要成分：蒎烯、柠檬烯

冷杉是一种常绿乔木，枝条轮生，叶片细长，树形好似尖塔。它具有强大的耐阴性，生长在较为寒冷的气候中，多分布在西伯利亚、欧洲、北美等高山地带，其中俄罗斯和加拿大出产的西伯利亚冷杉很有名，以此萃取的精油质地醇厚，是冷杉精油中的精品。

在西方的文化传统中，制作圣诞树是圣诞节必不可少的环节，冷杉因其长时间可以保持青翠且塔状树身易于装饰的特点而常被用于制作圣诞树。一棵冷杉制成的圣诞树，只要保存恰当，其苍翠的颜色可以持续到第二年圣诞节。而且这种树木可以散发出一种清新的木质芬芳，令人马上联想到广袤的森林，仿佛置身爱丽丝梦游中的仙境，令居住的环境更加舒适。

据说在 –45℃ 以下的冰雪之地，许多冷杉树木的寿命可以延长至 100 多年，利用蒸馏法从此种树木中提取出来的精油可以说是浓缩了自然界生命的奇迹，自然功效非凡。

冷杉高冷的品质注定了其精油具有优秀的镇定和舒缓功效。清新的木本香味将坚毅、稳健的象征含义以嗅觉的形式扩散开来，仿佛在人们的心中种下一片广阔的松树林，令浮动的情绪迅速下沉、扎根，与脚下泥土重新取得紧密的连接，感受着来自大地深处的稳定感和安全感。

冷杉精油富含天然活性成分，非常轻柔，极易被皮肤吸收。能缓解呼吸道系统的不适，如鼻炎、咳嗽、气管炎等。它在缓解因紧张所致的肌肉疼痛、预防感冒、消毒杀菌等方面也有一定的效果。近年来，冷杉精油以舒缓和提亮皮肤的功能在美容护肤界也越来越受推崇。

国医解读

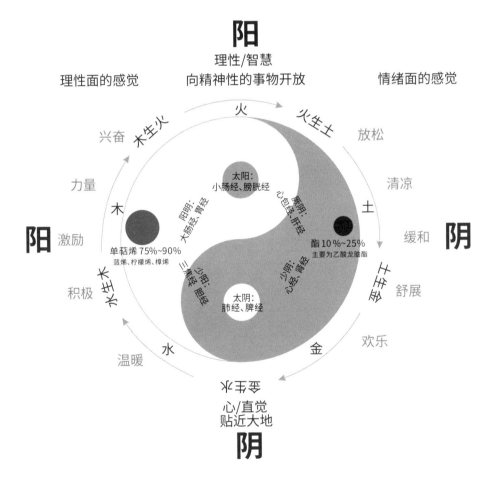

性味与归经：味辛、性温。归心、心包、三焦、肺经。

功效：

·心、心包经：冷杉入心、心包经，具有激励内心的作用，使人变得冷静平和、客观理性。

·三焦经：冷杉入三焦经，具有改善循环系统和增强免疫系统的功效，适用于体内寄生虫感染、尿道感染、胃痉挛等。

·肺经：冷杉入肺经，具有消减黏液、抗菌、止咳化痰等功效，适用于支气管炎和气喘等。

日常应用

使用方法：香薰、外用。

保存方法：置于深色玻璃瓶中常温保存，建议将玻璃瓶放在木盒中，以降低温度的波动。未开封的纯精油可以保存 6 年以上，且香气随着时间的流逝更加温润柔和。

注意事项：冷杉精油必须稀释使用，且使用前最好做皮肤测试。妇女妊娠期禁用，儿童禁用。

◎ 香薰用法

作用：抗菌、除臭、提神。

配方：冷杉精油 2 滴、苦橙叶精油 2 滴、莱姆精油 2 滴。

用法：将上述精油滴入香薰炉上的水盘中，插上电源，便可享受芬芳的香薰。

◎ 蒸汽用法

作用：减轻咳嗽症状、缓解哮喘、预防呼吸道感染。

配方：冷杉精油 1 滴、迷迭香精油 2 滴。

用法：将上述精油滴入一碗热水中，吸嗅其蒸汽即可。

◎ 配伍精油

柑橘类精油，薰衣草、迷迭香、天竺葵、广藿香、玫瑰、丝柏、杜松、檀香、岩兰草等精油。

后 记

　　作为生物学的研究者，数十年来，我个人的研究根基，毫无疑问都是建立在西方科学理论体系之上的。而对中医中药的了解，在我刚开始从事研究的一段时间内，几乎一无所知。

　　后来在长期的研究过程中，我对植物产生了浓厚兴趣。直到有一天，我以细胞解码的方式来分析中医中药中的植物化学结构，然后惊喜地发现，植物细胞功能分类结果竟与传统的中药功能介绍无比地接近，这不禁使我对中医中药的祖师们肃然起敬！

　　可以想象，在那远古的年代，在没有任何科学理论指导及分析仪器的情况下，就已经成就了完善的中医中药系统，还留给了世世代代研究者足够的发展空间。这让我明白，万物"本自具足"，譬如一株平凡的仙鹤草，竟蕴含着治疗癌症的密码。这些发现不断地给我带来惊喜，引领着我对植物进行无限地探索。

　　同样，源自大地的天然植物精油，无疑也是惊喜与礼物之一。

　　精油，即是将植物最珍贵的精华显化呈现的产物。本书的出版也恰好将这份惊喜和礼物，以极为独特的方式呈现出来，献给所有喜欢自然、植物、芳香和追求品质生活的人。

参加编写这本书，旨在将自己数十年来对植物功能的研究成果公开分享，让读者对植物有更多的了解，并认识精油的本源。

本书让我最欣慰的是，能将我们系统的科学研究成果，以植物故事和精美插图完美融合的方式呈现出来，一改教科书式的生涩难懂，在让广大读者获得知识之余，更具阅读的趣味性。

——香港中文大学生命科学学院教授、生物学专家　何永成